东华大学人文社科出版基金资助

服装文化传承系列图书——汉服篇

当代汉服款式与结构

刘咏梅
冀子辉 著

东华大学出版社·上海

序　言

"中国有礼仪之大，故称夏；有服章之美，谓之华。"

汉服，从历史的角度讲是指从黄帝尧舜垂衣裳而天下治至明末清初，在"华夏—汉"民族主体人群所穿着的服饰基础上，自然发展演变形成的具有独特华夏民族文化风貌性格、明显区别于其他民族的服装体系。如同其他民族服装一样，汉服是一个具有历史传承性的服饰体系，汉服连绵数十个朝代，款式虽发展演变丰富多样，但内涵一脉相承、形制一致，有其固有的审美魅力及形式特征。汉服总体具有交领、右衽、系带等特征，整体结构主要分为三大种类。第一种是"上衣下裳"相连在一起的"衣裳"制，如袍、直裰、褙子、直裾深衣、曲裾深衣等；第二种是"上衣下裳"分开的"衣裳"制，如玄端、冕服等；第三种是"襦裙"制，如齐腰襦裙、对襟襦裙和齐胸襦裙等。

汉服，从当代的角度讲是指当今汉服拥趸们复原或仿制古代汉服制式、款式，进行研究或穿着的服装。历史中对于汉服裁制的记录鲜见，且由于历史原因期间中断三百多年，民间的裁缝技艺也传承断代。从报道中的2003年第一件个人摸索的复原汉服，到影视剧中的汉唐明服饰，到各大汉服活动社团聚会的穿着装扮，汉服已经以当代的方式、当代的面貌呈现，而这些当代的汉服也必定是用当今的面料、当今的工具以及当代的裁剪和缝纫制作而成的。

本书基于对汉服及当代汉服情况的学习、理解和研究，针对汉服女装进行款式分析和结构研究，遵从汉服的十字平面的结构精髓，运用现代结构设计理论知识，解析了交领右衽上衣、半臂、百褶下裙、对襟上衣、齐胸下裙、大袖衫、褙子、夹袄、马面裙、比甲、圆领袍、短曲裾及长曲裾等15类汉服女装的结构尺寸和结构设计方法，为汉服文化的探索、汉服文化的传承作点滴之为，为汉服穿着爱好者和汉服设计工坊或个人尽专业之助力。

参与本书汉服款式和结构研究的人员主要有东华大学2014级硕士研究生冀子辉，师门同组吴佳美、冯姣媚、郭云昕、孙丹、陈俊虹、袁春明、范雅雯、杨一凡和熊钰等。研究工作得到东华大学创新基金和东华大学传统文化进大学项目的资助，得到"汉未央"汉服品牌的研究实践支持，以及"大音华裳"汉服品牌的合作研究指导。

本书的研究止于运用现代结构设计理论和方法对汉服结构的解析，未涉及传统技艺方法对于汉服的裁制，这是课题组预备后续探索和追寻的，希望可以记录遗落民间的汉服巧妙裁制技艺。

本书文字、插图由研究生冀子辉、薛惠心、刘亦婷、冯蕊琪、陈景、洪雯婷共同协作，本书的出版得到2019年度东华大学人文社科出版基金资助。

本书的主体研究内容起始于2015年，本书的初稿起始于2017年，本书的第二稿起始于2019年，本书的第三稿完成于2020年夏。

在完稿之时提及两件事：一是关于汉服的精良工艺，2019年笔者引荐了学生向韩国韩服著名学者学习，今年已见成果，甚喜；二是2020年端午时节，笔者看到许多朋友的朋友圈里汉服装扮晒娃照片，甚是可爱，甚是感叹生活的美好，祈愿国家昌盛、国泰民安、世界平和。

刘咏梅

2020 年 7 月

庚子年大暑

目　录

第一章　关于汉服

第一节　何谓汉服？

一、古代典籍中的汉服

《汉书》[1]："后数来朝贺，乐汉衣服制度。"

《新唐书》[2]："汉裳蛮，本汉人部种，在铁桥。惟以朝霞缠头，馀尚同汉服。"

《东京梦华录》[3]：诸国使人，大辽大使顶金冠，后檐尖长，如大莲叶，服紫窄袍，金蹀躞；副使展裹金带，如汉服。"

《辽史》[4]："辽国自太宗入晋之后，皇帝与南班汉官用汉服……其汉服即五代、晋之遗制也。"

二、当代文献中的汉服

《当代汉服文化活动历程与实践》[5]：

汉民族传统服饰（简称"汉服"），主要是指约公元前21世纪至公元17世纪中叶（明末清初）这近四千年中，在华夏民族（汉后又称汉民族）的主要居住区，以"华夏—汉"文化为背景和主导思想，通过自然演化而形成的具有独特汉民族风貌性格，明显区别于其他民族的传统服装和装饰体系。或者说，"汉民族传统服饰（汉服）"是从夏、商、周和明朝，在"华夏—汉"民族主体人群所穿着的服饰为基础上，自然发展演变形成的具有明显独特风格的一系列服饰的总体集合。

汉服，即当今中华汉民族的传统服饰，从"皇帝尧舜垂衣裳而天下治"开始，至明末清初的以汉民族生活圈所穿着的服饰系统，传统汉服连绵数十个朝代，制式多样，有曲裾、襦裙、直裾、圆领袍、裙子、袄裙等款式。在基本形制上，汉服具有交领、右衽、系带等特征。

从秦汉时期常见的服饰深衣、唐代的襦裙、宋代的衣裳裙子，到明代盛行衣掩裙的袄裙打扮，都是大家深爱的汉服款式。长袄立领、短袄低领，通常配穿有彩绣装饰的马面裙，已经是现在女孩子们出行的日常装扮了。

所谓"汉服"，在目前所知的汉语文献中，也有几层意思：一是指中国历史上汉朝的服装；二是指华夏族、汉人或汉民族的"民族服装"；三则是把"汉服"视为汉族的服装。

① 班固：《汉书》，中华书局，2012。
② 欧阳修、宋祁：《新唐书》，中华书局，2020。
③ 孟元老：《东京梦华录》，中国书店，2019。
④ 脱脱等：《辽史》，中华书局，2016。
⑤ 刘筱燕：《当代汉服文化活动历程与实践》，知识产权出版社，2016。

汉服文化作为服饰亚文化在客观上成为青年传承与传播优秀民族文化的载体，通过汉服文化，青年得以"用现代意识去激活古老的文化元素"，给博大精深的华夏民族传统文化注入了新鲜的血液，形成的"古韵今风和鸣"的氛围，构建起对传统与现代、继承与发展、文化与制度、民族与世界等复杂议题认知和深入思考的现实载体。

《华夏有衣：走进汉服文化》[1]：

汉服，又称汉衣冠、汉装、华服，它始于皇帝、备于尧舜、定于周朝，历经汉唐宋明诸朝，是以华夏礼仪文化为中心，通过自然演化而形成具有独特汉民族风貌性格，明显区别于其他民族的传统服装和配饰体系。

如同其他民族服装一样，汉服是一个具有历史传承性的服饰体系。汉服自形成以后直至明朝末年，尽管受到其他民族服饰的影响，但其是变化都是同一个服饰体系内部的演变和发展，可谓"一脉相承、因时而变"。

"华夏有衣，襟带天地"，汉服是汉民族传统服饰，也是中国的代表性服饰之一。它由汉民族创造，深深影响了中国，乃至整个东亚世界。

汉服是民族服装，不是"古装"。汉服和古装的概念存在交集，但不能混为一谈。

汉服具有三重身份：汉民族传统服饰、中国的代表性服饰、东亚服饰的蓝本，它也成为汉文明、中华文明、东亚文明的代表和象征。

汉服的构成：首服、体服、足衣、配饰。

体服：根据出席场合和穿着需要的不同而分为祭服、朝服、公服、便服等。便服中较为隆重的为深衣、袍服等，适用于较为正式的场合，属于礼服；而裙子、短褐等因穿着便利、款式简单，适合日常活动，属于常服。

汉服穿着一般包括三层：小衣（内衣）、中衣、大衣。

汉服的形制，可分为"上衣下裳"制（上衣和下裳分开）、"上下连裳"制（把上衣下裳缝连起来，即"深衣"制）、"上下通裁"制（上下一体裁剪）以及罩衫（外套）等。

三、古代汉服与当代汉服

自然，汉服作为民族服装是指汉民族主体穿着的服装，但是，汉服作为汉民族的主体服装也是随着汉民族所经历的战事与政体、朝代更迭、生活文化发展变化而变化的。所以汉服应该是汉民族主体服装的集合，这一集合的概念可以包罗全部但又可有典型代表，当今我们认识和理解的当然是代表性的汉服。这些代表性的汉服可以随朝代演绎，也可以按形制区分，但它们作为一个服装集合，还是有明显的形象特征而区分于其它服装集合的。

无可避讳，由于历史原因，古代汉服和当代汉服不是无时间空缺的连续发展演变，古代汉服在近代出现了三百多年的空缺。如今人们认识的汉服已经不像人们认识的中国书法或中国饮食文化那么真切和具象，因为人们的日常生活中已几乎完全缺失了汉服，汉服的影像保留在了戏剧中和书画里。应该说，现代的汉服有两个集合体。第一个是出现在描述古代故

---

① 冯琳，何志攀，杨娜等：《华夏有衣：走进汉服文化》，开明出版社，2018。

事的影视作品中的古代汉服，这些服装应该说和戏剧服装还是有所不同的。由于戏剧的小众化，戏剧服装近代以来应该说没有太大的变化，有很强的程式化和保留性；而影视作品由于产量的迅猛增加，其中出现的各个朝代和各种形制的汉服，可以说是有很强的演绎变化性，良莠不齐。第二个是当代汉服的集合体，就是个人或团体进行的汉服拥趸活动或行为中所穿着的汉服。这些汉服自2003年出现，它们源于个人的复原缝制以及一些作坊式的手作，它们有别于古代的缝制方式，也完全不是现代服装工业化的流水线生产和成衣销售的模式。基于以上，狭义来讲，当代汉服是当代个人或团体作为探寻汉服文化所穿着的汉服，它们尽力探索和追寻古代汉服的形制和特征，但因个人或团体的理解认识和实现能力不同，有了一定程度的简化和演绎变化。

当代汉服应该说在精神层面上是完全追寻古代汉服的，但在物质层面上其面料、工艺甚至款式都是与古代汉服有区别的。

第二节 汉服形制

一、汉服形制制度

《汉服归来》[1]：

  《周易·系词》云"皇帝尧舜垂衣裳而治天下，盖取诸乾坤"。……皇帝时部落联盟形成，需要有人管理，故发明衣裳，并绘画于其上，用画区别身份职务，垂在五官身上作为标志，以管理人群，"各司其序，不相乱也"，天下大治；……早在华帝时期，古老的华夏服饰就已经有了一定的规模，而且有着很重要的政治寓意了。

  每个朝代建立之初都会对本朝的服饰制度作详细规定，颁布《舆服志》来规定其服饰特征、等级制度和应用场合。中国的政治历来强调"衣冠之治"，《礼记·王制第五》中明确写道："同律，礼服制度衣服正之。"《礼记·坊记第三十》中写道："子云：'夫礼者，所以章疑别微，以为民坊者也。'故贵贱有等，衣服有别，朝廷有位，则民有所让。"再后来，唐高祖李渊颁布的《武德令》、明太祖朱元璋颁布的《大明会典》也都是包含着服饰制度的法令。

《华夏有衣：走进汉服文化》[2]：

  有关华夏衣冠制度的若干概念如下。

  （1）舆服：车服。车乘、衣冠、章服的总称。

  （2）章服：含义很多，主要指绘绣日、月、星辰等图案的礼服。

  （3）礼服：礼制规定的服饰，泛指礼节性场合说穿的衣服。如祭祀为吉礼，穿"祭服"；凶礼穿"丧服"；军礼穿"军服"；朝见会盟为宾礼，穿"朝服"；冠婚等嘉礼，穿"吉服"。

  （4）法服：礼仪、法度所规定的衣冠制度。上至天子、下至庶民，尊卑等差各有分别。

  （5）祭服：祭祀时所穿的礼服。为各类冠服中最贵重的服饰。祭祀为"吉礼"，而祭亦可称为"吉服"。

  （6）吉服：① 祭服；② 文武百官居丧临朝时所著之服。因凶服不可用于朝会，特以吉服代之；③ 喜庆吉礼之服，多用于冠婚、晋升等喜庆之时。

  （7）命服：周代天子按爵位等级颁赐给诸侯百官及命妇的服饰。后泛指官员及其配偶按等级所穿的服饰。

  （8）朝服：亦作"朝衣""具服"。君臣坐朝议政之服，由祭服演变而来。

  （9）公服：亦作"从省服""官服"。帝王、百官办理公务时所穿的衣服，有别于日常所穿着的常服以及家居所著的便服。

---

① 杨娜等：《汉服归来》,中国人民大学出版社,2016。
② 冯琳,何志攀,杨娜等：《华夏有衣：走进汉服文化》,开明出版社,2018。

（10）常服：①经常穿着的服装；②指皇族、百官的公服；③同"燕服"，普通的礼服，次于朝服、公服。

（11）燕服：职官及命妇家居之常服。"燕"指"燕居"，即退职闲居。燕服形制较为简便，区别于等级深严之祭服、朝服。文武百官可著此礼见、拜会，但不得用于祭祀及重大朝会。

（12）便服：寻常人穿着的衣服，同带有特殊标志的官服、公服等相对。也指形制简便的家居之服。

（13）微服：穿便服或常服。有身份的人为避人注目而改换便服或常服。

（14）亵服：家居时所穿的便服，包括巾帽衣履等。

（15）儒服：儒生的服饰，通常由儒冠、大袖衣等组成。

（16）野服：①农夫之服，贵族年终祭农时象征性地穿着农人之衣；②渔隐志士在野闲居之服。

二、汉服形制演变

《华夏有衣：走进汉服文化》[1]：

汉服形制演变大致可分为以下六个时期。

1. 先秦时期——奠基与勃兴年

先秦是中华服饰发展史的奠基时代。原始社会的服装仍较为简单，至奴隶社会时期逐渐随农耕生活习惯形成交领右衽、隐扣系带、上衣下裳或上衣下裤的特点，后世服装演变均以此为基础而万变不离其宗。特别是周代开始，华夏走出巫风，步入人文时代，服饰也体现了"礼治"的色彩，呈现出中正平和、含蓄深沉、端庄雅正的风格，并形成冠冕制度，为后世历代所仿效。

2. 秦汉时期——定型与发展

服饰形制上，早在春秋战国之际就出现了一种将上衣与下裳缝合成一体式长衣的服装，因其"被体深邃"，可以将身体深深包掩而被称为"深衣"。由于当时内衣制度尚不完善，为完美地包掩身体又能方便活动，古人设计出特别的"曲裾深衣"，并在秦汉时期大为流行，男女老少、贫富贵贱均普遍穿着，称为这一时期的代表性服装。而后随着内衣制度的完善，汉以后这一款式逐渐被淘汰，取而代之的是更为简便的"直裾深衣"，且主要为男子穿着，成为历代男装的代表款式之一。

服饰风格上，秦代的装束以黑色为主，就连上朝的百官皆着黑色朝服，显得素雅整齐，佩饰上十分简单。汉朝初建时，在服饰上承袭的是秦制，所以汉代初期服饰色彩依然尚黑，出现了吏黑民白的朴素、庄重的服饰风貌。

3. 魏晋南北朝时期——丰富与融合

东汉后期到魏晋时期，社会风气有了很大的变化，两汉经学的指导思想地位逐渐让位于魏晋玄学，社会崇尚"率直任诞、清俊通脱"的"魏晋风度"。崇尚返璞归真的情趣使得衣裳更加飘逸灵动，女装由上衣下裳不断加入女性元素形成的上襦下裙即"襦

---

① 冯琳,何志攀,杨娜等：《华夏有衣：走进汉服文化》,开明出版社,2018.

裙"为风尚，形成"两截穿衣"的习惯，并成为后世历代汉族女装的主要特点。

三国战乱刚刚结束，西晋的短期统一就被内外战乱所摧毁。西晋"永嘉之乱"后，五胡乱华，大量中原人士南迁，历史进入"东晋十六国"时期。紧接着又是南北朝的分立。长达数百年的大动荡、大分裂，民族矛盾、阶级矛盾极其尖锐。社会在动荡中艰难前行。各族人民，包括服饰在内的文化、生活习俗逐渐趋于融合。

4. 隋唐时期——繁荣与开放

隋朝虽然历时较短，但它结束了数百年的大分裂，经济、文化得到恢复并日益兴盛，为服饰文化的繁荣奠定了基础。唐朝在承袭中华历代冠服制度的同时又通过丝绸之路与异域、异族密切交往，博采众族之长，出现百花争艳的景象，其辉煌的服饰盛况使唐代成为中国服饰史上的重要时期及世界服饰上举足轻重的组成部分。

这一时期的男女服装各自呈现出鲜明的特点。女装将下裙越系越高，从腰部一直提到腋下，并加大裙摆，使上衣与下裙形成夸张的比例，表现出一种独特的美感，再搭配披帛或一种名为"半臂"的短袖罩衫则更显风韵。宫中则流行轻薄的大袖衫。女穿男装亦成为一种时尚。男装普遍以圆领袍衫为流行，圆领吸收了胡服的元素，袍衫则是一体通裁的长衣，与上下分裁的深衣相对，是衣裳的进一步发展，成为后世官服的主要款式。

5. 宋明时期——成熟与沉淀

宋代开国后勘订礼制，在继承的基础上又有发展。至宋徽宗大观、政和年间，冠服之制基本定制。简洁的襦裙、褙子、袍衫大行其道。

这一时期男装以襕衫为尚，即衣服下摆有一个横襕，用以象征上衣下裳的旧制。《朱子家礼》中还记载了一种深衣，是朱熹对《礼记》深衣篇所记载的深衣的自我认识的研究的产物，后来日韩服饰中有部分礼服都是在朱子深衣制度的基础上制作的。宋代女装则以褙子为典型，褙子是一种衣领对襟、两侧从腋下起不缝合、多罩在其他衣服外面穿着的长衣，男女通用，女子穿用较多，且胸外面不穿上衣，只套一件不系结的褙子。宋代褙子比较窄瘦，到明代时才变得十分宽博。

明朝上采周汉，下取唐宋，对服装制度作了新的规定。洪武元年（1368年），明太祖宣布："悉命复衣冠如唐制"。经过多年调整，洪武二十六年（1393年），明朝冠服制度基本确立下来。

明代男装基本沿袭唐宋，普遍穿着通裁袍衫或直裾深衣，如直裰、直身、道袍之类，同时出现一种名叫"曳撒"的服装，演变自元代的辫线袄子，前身分裁，下部打马面裙子，后身通裁不打褶，身侧有摆。女装以往多数是上衣压在裙子里面，明代则流行一种上衣穿在裙子外面的穿法，且上衣常加白色护领，下裙常配马面裙，并出现了少量隐扣的立领，成为汉服领型的又一补充。

至此经过三千多年的不断积累和丰富，汉族服饰已经形成了一个十分庞大而完备的服饰体系，积淀出深厚的服饰文化。

6. 辽金明清——从"汉胡并存"到"剃发易服"

辽金元三朝，基本上是汉服和游牧民族服饰并存，但是也时有"易服"事件的出现。

清朝的冠服制度初步制定于1636年（明崇祯9年，清崇德元年），历经变动修改，到乾隆时期才基本确定下来。清代服饰借鉴了明代服饰的很多做法，但是这种借鉴是在"另起炉灶"的基础上，保留汉族服饰的部分元素。总的来说，满服代替汉服成为清代服装的主流，汉服的传承总体而言中断了。

三、汉服形制特征

汉服具有明显的中国古典美学特征。汉代汉服色调朴素低调，款式优雅端庄，风格浪漫浑朴、朴实凝重、壮阔豪放、唯美华丽；魏晋汉服风格峨冠博带、追华逐彩；唐代汉服继承了周、战国、魏晋时期的风格，融合了周代服饰图案的严谨、战国的舒展、汉代的明快、魏晋的飘逸为一体，形成富丽华美、气韵流畅的唐朝风格；宋代汉服风格清新儒雅、飘逸柔美；明代汉服有着严格的规范，与唐代的雍容大气相比显得更加严谨与严肃，形成明代的朴素秀美、简洁别致。

汉服作为汉民族的传统服饰，是世界民族服饰史上最美的服饰篇章之一。它不仅是一部服装的篇章，更是一部文化的篇章，是中华民族五千年文明的重要组成部分，是中华民族形象的重要体现之一。汉服风格随着文化发展而演绎，汉服服式随着朝代更替而演变，然而在整个汉民族的服装系统中每朝每代都传承了汉服的典型服式特征，其主要制式为深衣制、上衣下裳制、襦裙制，其主要特征为交领右衽、隐扣系带和宽衣博袖。总体风格一脉相承，表现了中国古人的审美倾向和思想内涵，所包涵的文化内涵和审美意蕴，也是中国传统文化思想"天人合一""阴阳五行""中和之美"等在衣冠上的表现。

1. 汉服的典型形制

汉服的衣冠制度按穿着人群可分为帝王服、官吏服、武职将帅服、文人学士服、贵妇服及仕女民妇服；从穿着场合分为祭服、朝服、公服、戎服、吉服、丧服、便服等；从穿着形式可分为衷衣、中衣和外衣；据品类可分为衫、裙、裤、袍等。汉服历经四千多年的发展演绎，品类众多，款式多样，但其典型形制可归类为上衣下裳制和深衣制。

（1）上衣下裳制

上衣下裳制是上身和下身的衣物分开裁剪、分开缝纫、分开穿着的汉服形制。典型的女子上衣下裳形制又可分为襦裙和袄裙。其中襦裙根据裙系的位置又分为齐腰襦裙和齐胸襦裙，如图1-2-1所示；根据上衣衣领形式可分为交领襦裙、对襟襦裙和袒领襦裙。袄裙根据上衣单层衫或夹层袄的长度分为短袄和长袄，如图1-2-2所示；衣领也有交领、圆领、方领以及后期的立领形式；裙的形式一般为打褶裙，在后期还出现了典型的马面裙。

（2）深衣制

深衣制是上下相连、被体深邃的汉服形制，上衣下裳分裁再缝缀相连或上下通裁自成一体。典型的女子深衣形制根据衣襟形式可分为曲裾深衣和直裾深衣，如图1-2-3所示。曲裾深衣在先秦和汉代比较流行，直裾深衣在汉代以后逐渐成为深衣的主要形式，其中曲裾深衣根据穿着时衣裾的缠绕形式又可分为双绕曲裾和三绕曲裾。

2. 汉服的款式特征

汉服款式历经演绎，有礼服、便服，内衣、外衣，虽款式多样，但还是有明显的款式特征，其中交领右衽、隐扣系带和宽衣博袖是最典型的汉服特征。

齐腰襦裙 《韩熙载夜宴图》 顾闳中 南唐

齐胸襦裙 《捣练图》 张萱 唐

图1-2-1 襦裙

《孟蜀宫伎图》 唐寅 明

图1-2-2 袄裙

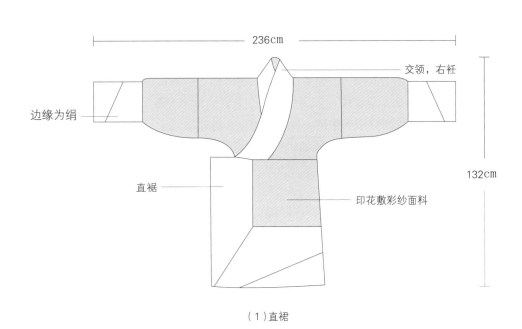

（1）直裾

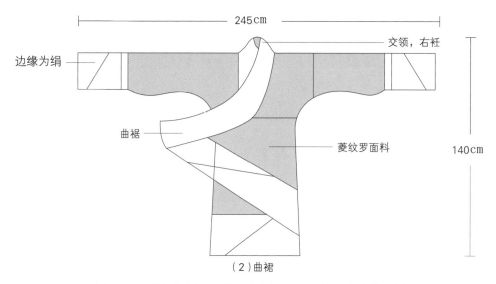

图1-2-3　曲裾和直裾——马王堆出土汉服图解（摄于湖南博物馆）

（1）交领右衽

汉服款式虽兼有交领、直领、盘领、以及后期的立领，但明显以交领右衽为主要领型和特征。衽，本义衣襟。左前襟掩向右腋系带，将右襟掩覆于内，称右衽；反之称左衽。汉服在历代款式变革中一直保持不变的交领右衽传统，是汉民族服装形制中自古未变的习俗。这和古代中国的方位和阴阳之说有关，左为天为阳，右为地为阴，遵循自然法则，左襟盖右襟，天和阳在上，地和阴在下。《礼记·丧服大记》中有"小敛大敛，祭服不倒，皆左衽，结绞不纽。"即表明在世者交领右衽，阳盖阴，右侧系活结，便于右手解开；逝者交领左衽，阴盖阳，左侧系死结，永不解开，从此安息长眠。交领右衽作为当时与其他外族服装区分的重要标志，不可颠倒。

直领是领子从胸前直接平行垂直下来而不在胸前交叉，有的在胸部有系带，有的则直接敞开而没有系带。这种直领的衣服，一般穿在交领汉服外面，像罩衫、半臂、褙子等日常外衣款式中经常运用直领。盘领是男装中比较多见的一个款式，领型为盘子状的圆形，也是右衽的，在右侧肩部有系带，在汉唐官服中采用，日常服中也有盘领款式。

汉服自古礼服褒衣博带、常服短衣宽袖。与同时期西方的服装对比，汉服在人性化方面具有不可争辩的优异性。当西方人用胸甲和裙撑束缚女性身体发展时，宽大的汉服已经实现了放任身体随意舒展的特性。无口、系带，宽衣大袖，线条柔美流动，飘逸灵动。而交领右衽是贯穿始终的灵魂所在。汉服一直采用平面裁剪方法，没有省道和肩斜，且用料一般都大于覆盖人体的最小需要，所以无论是秦汉的大袖衣还是明朝的大袖衫，其袖长远远长出手臂，衣袖甚至在穿着后宽到及地。不同时期，也有衣袖窄小的，这样便于劳作。衣袖则是圆袂，即代表天圆地方中的天圆。这种天圆地方学在汉服上的体现也是中国古代文化的一个表现。

（2）隐扣系带

隐扣系带是汉服的另一个明显特征，但这一特征与历史发展中的物质文明状况相关。汉服中的隐扣，其实包括有扣和无扣两种情况。一般情况下，汉服是不用扣子的，即使有用扣子的，也是把扣子隐藏起来，而不显露在外面。一般就是用带子打个结来系住衣服，同时，在腰间还有大带和长带，所有的带子都是用制作衣服时的布料做成。以交领右衽衣服为例，一件衣服的带子有

两对，左侧腋下的带子与右衣襟的带子是一对，右侧腋下的带子与左衣襟的带子是一对，将两对带子分别打结系住，完成穿衣过程。腰间的大带和长带子，不仅有实用性而且还具装饰性，甚至还作为地位身份的标识和象征。

（3）宽衣博袖

衣身宽大、衣袖大且长是汉服的另一个典型特征，称为宽衣博袖。汉服的衣身和衣袖宽博呈现"古宽博、近收窄""贵宽博、民收窄"的特征。与宽博的裙身相配的也有衣身略小的襦、衫，衣袖也有整体袖身收窄或袖口收窄的形式。但总体来讲汉服衣身体积大、形态宽松，衣身构成呈现明显的平面化和直线化特征，衣身、衣袖甚至衣领基本为直线或接近直线的裁剪，只有领口等极个别之处为弧线裁剪。汉服的衣袖也称袂，古称圆袂；按现在的表述就是衣身无肩缝的连身袖，亦称为通袖，由于衣料幅宽的限制，衣袖和衣身相拼接，但呈直线衣缝相拼形式。

另外，汉服的色彩、纹样图案和面料特征也是汉服服制的重要内容。

天玄地黄，帝王服上衣玄色、下裳黄色……其后各朝代裳色演变，夏黑、商白、周赤、秦黑、汉赤、唐黄、宋红，明清皇帝的正装皇袍颜色是黄色。

各朝代也通过服色来区分阶级。如唐朝官吏服色制度为：三品以上服紫，五品以上服绯，七品以上服绿，九品以上服碧。

各朝代女服在朝代尚色的基础上也各有特征。秦汉、隋唐雍容华贵，服色以红紫蓝绿等艳色为主；宋朝崇尚文治，打破了浓艳色，服色趋向质朴、洁净、自然，多采用浅淡的间色，如鹅黄、粉红、浅绿、淡青、素白等柔和色彩；这种淡雅柔和的色彩特征一直影响到元明清时期服装。

动物、花卉、福寿、人物都是汉服纹样图案的主题。汉服图案纹样多以绣绘和织锦的形式表现。男龙女凤、武兽文禽、六朝莲花、唐代牡丹、元代松竹梅、明代串枝莲，这些汉服纹样和图案被赋予了美好寓意和祈愿，并形成了固定纹样形式，装饰性强，且有一定的标示性（表1-2-1）。

表1-2-1　汉服传统纹样

坐龙纹	团凤纹	山河飞鹤纹
福寿纹（福）	五福团寿纹	福自天来纹
荣花纹（荣华富贵）	鱼跃水苍纹	山河纹
战国几何纹	汉代盘绦锦	唐代龟背花锦

四、汉服款式体系

汉服款式按内衣、中衣、外衣、罩衫分类，再加以配饰、首服和足衣，如《现代汉服体系2.1版》[1]将其整理为较为完整的汉服款式体系，如图1-2-4所示。

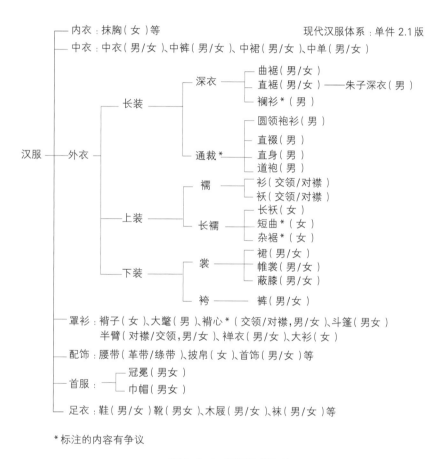

*标注的内容有争议

图1-2-4 汉服款式体系

有关汉服的研究从古代视角多以服装形制、服装款式、色彩图案、衣冠鞋履等方面进行，从当代的角度多为汉服复兴运动的内容，对于展现汉服结构汉服裁剪的专门研究鲜见。古典文籍中未见对于汉服裁剪的详细记录，当代研究对于汉服结构的研究零散于一些文献，没有积结成集，不够详尽，零散的汉服结构基本为短寸标注，体系性薄弱，应用受限，见图1-2-5。

本书的重要内容是针对汉服结构结合当代服装结构体系理论进行的研究和展现，为汉服研究者和汉服爱好者提供一定的借鉴作用。

---

① 一盏凤，墨斗斗飞：《现代汉服体系2.1版》，https://wenku.baidu.com/view /170552bb69dc5022 abea000f. html，访问日期 2021年2月2日。

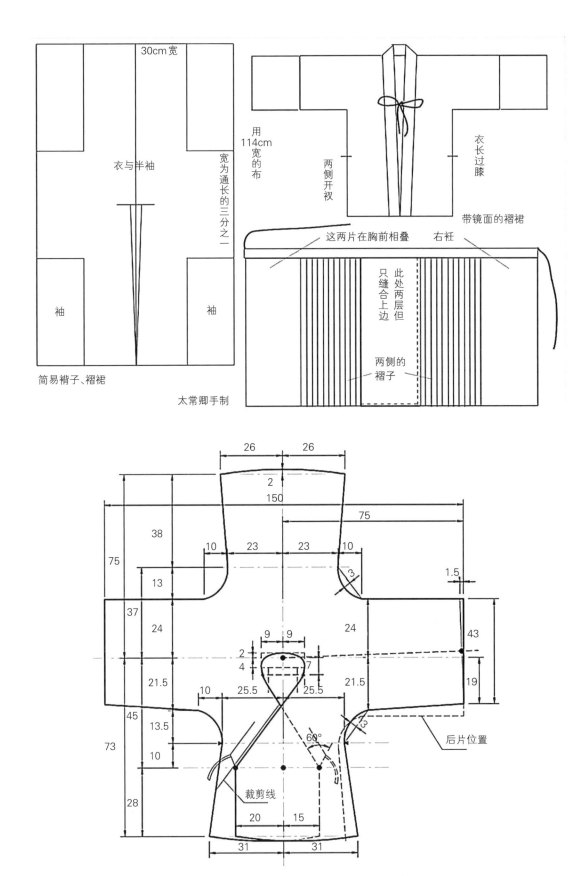

上半部分图示标注：

30cm宽

衣与半袖

宽为通长的三分之一

用114cm宽的布

衣长过膝

两侧开衩

带镜面的褶裙

这两片在胸前相叠　　右衽

此处只缝合两层但上边

两侧的褶子

袖　　袖

简易褶子、褶裙

太常卿手制

下半部分结构图标注：

26　26

2

150

75

38

10　23　23　10

13

75

3

1.5

37

24

9　9

24

43

2
4

7

25.5　25.5

21.5

21.5

19

45

10

13.5

60°

后片位置

3

73

10

裁剪线

28

20　15

31　31

图1-2-5　汉服结构图（短寸法）（单位：cm）

第二章　当代汉服面貌

第一节　当代汉服文化活动

中国当代社会的主流服装已与世界主流的西式服装形式保持了同步，虽然一些民族还保留了日常或节庆时穿民族传统服装的习俗，但是绝大多数中国民众包括汉族和少数民族日常都穿着起初被称作"洋装"的"西式服装"。"洋装"从清末和民国的"洋"到如今已经普及到无法用"洋"来对其称呼了，甚至已无一恰当的概念名称来称呼它，而只能用与其相对应的中装、民族服装以及汉服来对照理解。

随着中国社会经济的发展、生活水平的提升，民众生活的多样性、精致性、文化性必然会上升。人们对久违了的汉服的追忆、情怀、追寻、实践，就是在这样的背景下开始和发展的。

从2003年河南郑州王乐天身着汉服行走于郑州街头，到活跃于大学校园的各个汉服社团活动，到陕西的万人汉服大会，到孔庙着汉服祭奠仪式，到逐渐与西式礼服和中式旗袍平分秋色的汉服婚礼盛装……十几年来，汉服逐渐从少见、陌生、奇怪、不被了解与理解，发展到如今的被社会认知、被大众接受，成为拥趸者的日常衣、向往者的礼仪装了。

随着当代汉服文化活动的繁盛，当代汉服在形式上根据场合可分为影视剧汉服服装、影楼汉服服装、正式重大祭奠礼仪服装、社团活动表演服装、婚礼服装、拥趸者日常服装……由于当代汉服活动在形式和内容上都是个人或群体的民众活动，所以到如今当代汉服在形式上和款式上并未有正式的、规定的形制以及大一统的款式。人们都是在零星的古代汉服史料基础上追寻和探索，其认识各不相同、取向各不一致，可以说当代汉服在文化性、款式、色彩、面料、做工上都良莠共存。但是，随着汉服活动的持续，人们对汉服认知的深入，以及汉服穿着实践的频繁，当代汉服一定会在四千年的汉服文化基础上，发展形成为越来越成熟的具有文化性和民族特征的当代汉服体系，丰富服装的多样性，使人们的生活更美好，增强民族自信，复兴中华文化。

第二节 当代汉服产购状况

当代汉服受汉服文化活动影响大，与汉服文化活动的形式密切相关。随着汉服文化活动的广泛和频繁，当代汉服逐渐形成产购两旺。但由于当代汉服的普及程度还远远不及普通服装，所以当代汉服目前基本为单件定制、小批量定制或单件成衣、小批量成衣的产购形式。虽然在各地也可以看到零星的实体汉服商家，但是网络销售绝对是当代汉服的主要产购渠道。

为了了解当代汉服产购的市场实际状况，在此分别进行了针对汉服消费者的问卷调查和针对网络销售市场的汉服店铺调查，以了解消费者对汉服的需求状况和当代汉服的网络销售市场状况。

一、汉服消费者需求状况

针对当代汉服进行的问卷调查，分为实地问卷调查、深度访谈及网上问卷调查三部分。

"关于当代汉服消费市场的现状调查"问卷调研，分为商家篇和爱好者篇。其中商家篇主要包括商家的基本信息、销售品类、价位、款式设计特点及风格和数字化程度。爱好者篇主要包括基本信息、款式、色彩、图案及材质喜好、年消费额、市场满意度及改进意见等。通过问卷调查旨在掌握消费者喜好，分析商家是否能满足消费者需求，充分了解当代汉服市场现状，为提炼当代汉服基本款提供数据支持。

（1）问卷设计

针对汉服爱好者和汉服商家两个方向的调查问卷内容见下。

当代汉服消费市场的现状调查（汉服爱好者篇）

1. 请问您喜欢汉服有多久了？（　　　）
   A. 3个月以内　　　B. 3~6个月　　　C. 6~12月　　　D. 1~3年　　　E. 3~5年
   F. 5~8年　　　G. 8~10年　　　H. 10~15年　　　I. 15年以上

2. 请问您是否加入了有关汉服的组织？（如否直接转第4题）（　　　）
   A. 是　　　B. 否

3. 请问您所加入的汉服组织属于以下哪种类别？（　　　）
   A. 大学社团　　　B. 民间社团　　　C. 汉服协会、委员会、研究会　　　D. 汉服其他组织_____

4. 请问您主要通过什么渠道购买汉服？（　　　）
   A. 网店　　　B. 实体店　　　C. 网店加实体店

5. 请问您目前拥有几套汉服？（　　　）
   A. 3套以下　　　B. 3~5套　　　C. 5~8套　　　D. 8~10套　　　E. 10~15套
   F. 15~20套　　　G. 20~30套　　　H. 30套以上

6. 请问您所能接受的汉服价格处于什么区间？（以一套汉服为准）（　　　）
   A. 100元及以下　　　B. 101~300元　　　C. 301~500元　　　D. 501~800元　　　E. 801~1000元
   F. 1001~3000元　　　G. 3001~5000元　　　H. 5001~10000元　　　I. 10000元以上

第二节 当代汉服产购状况

当代汉服受汉服文化活动影响大，与汉服文化活动的形式密切相关。随着汉服文化活动的广泛和频繁，当代汉服逐渐形成产购两旺。但由于当代汉服的普及程度还远远不及普通服装，所以当代汉服目前基本为单件定制、小批量定制或单件成衣、小批量成衣的产购形式。虽然在各地也可以看到零星的实体汉服商家，但是网络销售绝对是当代汉服的主要产购渠道。

为了了解当代汉服产购的市场实际状况，在此分别进行了针对汉服消费者的问卷调查和针对网络销售市场的汉服店铺调查，以了解消费者对汉服的需求状况和当代汉服的网络销售市场状况。

一、汉服消费者需求状况

针对当代汉服进行的问卷调查，分为实地问卷调查、深度访谈及网上问卷调查三部分。

"关于当代汉服消费市场的现状调查"问卷调研，分为商家篇和爱好者篇。其中商家篇主要包括商家的基本信息、销售品类、价位、款式设计特点及风格和数字化程度。爱好者篇主要包括基本信息、款式、色彩、图案及材质喜好、年消费额、市场满意度及改进意见等。通过问卷调查旨在掌握消费者喜好，分析商家是否能满足消费者需求，充分了解当代汉服市场现状，为提炼当代汉服基本款提供数据支持。

（1）问卷设计

针对汉服爱好者和汉服商家两个方向的调查问卷内容见下。

当代汉服消费市场的现状调查（汉服爱好者篇）

1. 请问您喜欢汉服有多久了？（ ）
   A.3个月以内　　B.3~6个月　　C.6~12月　　D.1~3年　　E.3~5年
   F.5~8年　　G.8~10年　　H.10~15年　　I.15年以上
2. 请问您是否加入了有关汉服的组织？（如否直接转第4题）（ ）
   A.是　　B.否
3. 请问您所加入的汉服组织属于以下哪种类别？（ ）
   A.大学社团　　B.民间社团　　C.汉服协会、委员、研究会　　D.汉服其他组织＿＿＿＿＿
4. 请问您主要通过什么渠道购买汉服？（ ）
   A.网店　　B.实体店　　C.网店加实体店
5. 请问您目前拥有几套汉服？（ ）
   A.3套以下　　B.3~5套　　C.5~8套　　D.8~10套　　E.10~15套
   F.15~20套　　G.20~30套　　H.30套以上
6. 请问您所能接受的汉服价格处于什么区间？（以一套汉服为准）（ ）
   A.100元及以下　　B.101~300元　　C.301~500元　　D.501~800元　　E.801~1000元
   F.1001~3000元　　G.3001~5000元　　H.5001~10000元　　I.10000元以上

---

7. 请问您每年在汉服上的消费有多少？（　　　）

    A.100元以下　　　　B.101~500元　　　　C.501~1000元　　　　D.1001~2000元　　　E.2001~3000元

    F.3001~5000元　　　G.5001~10000元　　H.10000~30000元　　　I.30000以上

8. 请问您经常穿着汉服的场合是？（　　　）

    A.日常穿着　　　　　　　　　　　　　　　　　　B.传统节日穿着

    C.参加一般性汉服活动穿着　　　　　　　　　　D.参加祭祀、成人礼、婚礼等特殊活动穿着

9. 请问您所喜欢的汉服款式是？（可选3项）（　　　）

    A.深衣　　　　　　B.曲裾　　　　　　C.齐胸襦裙　　　　D.半臂　　　　　E.褙子

    F.袄裙　　　　　　G.袍衫　　　　　　H.汉式婚礼服

10. 请问您所喜欢的汉服材质是？（可选3项）（　　　）

    A.棉　　　　　　　B.麻　　　　　　　C.真丝　　　　　　D.雪纺　　　　　E.织锦、府绸

    F.仿真丝　　　　　G.棉麻　　　　　　H.涤棉　　　　　　I.提花棉

11. 请问您所喜欢的汉服色彩是？（可选3项）（　　　）

    A.红色系　　　　　B.橙色系　　　　　C.黄色系　　　　　D.绿色系　　　　E.蓝色系

    F.靛色系　　　　　G.紫色系　　　　　H.黑　　　　　　　I.白　　　　　　　J.灰色系

12. 请问您所喜欢的汉服图案是？（可选3项）（　　　）

    A.素色　　　　　B.动物纹样（麒麟纹、龙凤纹、虎纹）

    C.植物纹样（牡丹纹、梅、兰、竹、菊）　　D.天文现象纹样（日、月、星、雪花、云气纹、水纹）

    E.几何纹样（菱形、六角形、回纹型、双菱纹）　　F.其他_____

13. 请问您对目前消费市场上的汉服整体满意程度？（　　　）

    A.非常满意　B.满意　　C.较满意　　D.较不满意　E.不满意　F.非常不满意

14. 如不满意，您认为现代汉服那些应该改进？（　　　）

    A.款式　　　B.结构　C.面料　　D.色彩　　　E.图案　　F.做工　　G.定制周期　　H.价位

    对需改进的地方提出建议：_____

个人信息：

15. 请问您的性别是？（　　　）

    A.男　　　　B.女

16. 请问您的年龄是？（　　　）

    A.15岁以下　　　　B.15~20岁　　　　C.21~25岁　　　　D.26~30岁

    E.31~40岁　　　　F.40~50岁　　　　G.50~60岁　　　　H.60岁以上

17. 请问您的职业属于哪种类别？（　　　）

    A.学生　　　　B.国家机关/公务员　C.企业单位　　　D.事业单位　　　E.个体经营者

    F.商业或贸易　G.服务行业　　　　　H.专业技术人员　I.艺术行业/设计师　J.娱乐行业

    K.自由职业者　L.其他

18. 请问您的月收入是？（　　　）

    A.1000元以下　　　B.1000~3000元　　C.3000~5000元　　D.5000~10000元

    E.10000~20000元　F.20000元以上

感谢您的帮助与配合！祝您工作学习顺利，生活愉快。

调 研 人：_____　　　　　调研时间：_____　　　　　调研地点：_____

当代汉服消费市场的现状调查（汉服商家篇） ::::::::::::::::::::::::::::::::::::::

1.请问您的汉服店是什么形式的？（　　　）

　　A.网店　　　　　　　　　　　　　　B.实体店　　　　　　　　　　C.网店加实体店

2.请问您在淘宝网上是否有汉服店官网？（　　　）

　　A.没有　　　　　　　　　　　　　　B.有汉服店官网　　　　　　　C.在其他网站上有汉服店官网

3.请问汉服店已创立多久？（　　　）

　　A.3个月以内　　　　B.3~6个月　　　　C.6~12月　　　　　　D.1~3年　　　　　　E.3~5年

　　F.5~8年　　　　　　G.8~10年　　　　H.10~15年　　　　　I.15年以上

4.请问汉服店所在的区域是？（　　　）

　　A.华北地区（北京、天津、河北、山西、内蒙古）

　　B.东北地区（辽宁、吉林、黑龙江）

　　C.华东地区（上海、江苏、浙江、安徽、福建、江西、山东）

　　D.中南地区（河南、湖北、湖南、广东、广西、海南）

　　E.西南地区（重庆、四川、贵州、云南、西藏）

　　F.西北地区（陕西、甘肃、青海、宁夏、新疆）

5.请问汉服店的主营品种是什么？（可多选）（　　　）

　　A.女款汉服　　　　B.男款汉服　　　　C.童款汉服　　　　D.汉服配饰（头饰、鞋、手包、扇子等）

6.请问汉服店所销售的汉服是以什么款式为主？（可选3项）（　　　）

　　A.深衣　　　　　　B.曲裾　　　　　　C.齐胸襦裙　　　　D.半臂　　　　　　E.褙子

　　F.袄裙　　　　　　G.袍衫　　　　　　H.汉式婚礼服

7.请问汉服店所销售的汉服是以什么材质为主？（可选3项）（　　　）

　　A.棉　　　　　　　B.麻　　　　　　　C.真丝　　　　　　D.雪纺　　　　　　E.织锦、府绸

　　F.仿真丝　　　　　G.棉麻　　　　　　H.涤棉　　　　　　I.提花棉

8.请问汉服店所销售的汉服是以什么颜色为主？（可选3项）（　　　）

　　A.红色系　　　　　B.橙色系　　　　　C.黄色系　　　　　D.绿色系　　　　　E.蓝色系

　　F.靛色系　　　　　G.紫色系　　　　　H.黑　　　　　　　I.白　　　　　　　J.灰色系

9.请问汉服店所销售的汉服是以什么图案为主？（可选3项）（　　　）

　　A.素色

　　B.动物纹样（麒麟纹、龙凤纹、虎纹）

　　C.植物纹样（牡丹纹、梅、兰、竹、菊）

　　D.天文现象纹样（日、月、星、雪花、云气纹、水纹）

　　E.几何纹样（菱形、六角形、回纹型、双菱纹）

　　F.其他_____

10.请问汉服店的汉服是否接受定制？（如否直接转12题）（　　　）

　　A.接受定制　　　　　　　　　　　　B.不接受定制

11.请问汉服定制的大致周期是多久？（　　　）

　　A.7天以内　　　B.7~15天　　　　C.16~30天　　　D.31~45天　　　E.46~60天　　　F.60天以上

12.请问汉服的生产模式为？（　　　）

　　A.自己设计、打板及生产　　　　　　B.自己设计，工厂代打板、加工

　　C.自己设计、打板，工厂代加工　　　D.批发买进

13.请问汉服的生产数字化程度？（可多选）（　　　）

　　A.手工打板　　　B.使用服装CAD软件打板　　　　　C.已具有样板快速生成系统

　　D.已实现汉服色彩图案款式的快速配对　　　　　　E.已实现三维虚拟试衣展示

14. 请问女款汉服的零售价主要是处于什么价格区间？（以一套为准）（　　　）

　　A.100元及以下　　B.101~300元　　C.301~500元　　D.501~800元　　　　E.801~1000元

　　F.1001~3000元　　G.3001~5000元　　H.5001~10000元　　I.10000以上

15. 请问男款汉服的零售价主要是处于什么价格区间？（以一套为准）（　　　）

　　A.100元及以下　　B.101~300元　　C.301~500元　　D.501~800元　　　　E.801~1000元

　　F.1001~3000元　　G.3001~5000元　　H.5001~10000元　　I.10000以上

16. 请问童款汉服的零售价主要是处于什么价格区间？（以一套为准）（　　　）

　　A.100元及以下　　B.101~300元　　C.301~500元　　D.501~800元　　　　E.801~1000元

　　F.1001~3000元　　G.3001~5000元　　H.5001~10000元　　I.10000以上

17. 请问汉服配饰的零售价主要是处于什么价格区间？（　　　）

　　A.20元及以下　　B.21~50元　　C.51~80元　　D.81~100元　　　　E.101~150元

　　F.151~200元　　G.201~300元　　H.301~500元　　I.500以上

18. 请问汉服店的年营业额为多少？（　　　）

　　A.1万以内　　　　B.1~5万　　　　C. 5~10万　　　　D. 10~20万　　　　E. 20~30万

　　F.30~50万　　　　G.50~100万　　　　H.100~200万　　　　I.200万以上

请问您的汉服店店名是 ＿＿＿＿＿＿＿＿＿＿＿＿＿＿＿＿＿＿＿＿。

感谢您的帮助与配合！祝您生意兴隆，万事如意。

调 研 人：＿＿＿＿＿＿＿　　　　　调研时间：＿＿＿＿＿＿＿　　　　　调研地点：＿＿＿＿＿＿＿

（2）问卷调查和分析

实地问卷调查于第三届中华礼乐大会期间在西安举办时进行，参与调查的对象为来自各地的汉服爱好者、汉服研究者以及汉服专家。调查者完成了关于当代汉服消费市场的现状调查（汉服爱好者篇）82份，关于当代汉服消费市场的现状调查（汉服商家篇）10份。

另外，调查者还进行了网络问卷调查，将问卷发放于汉服论坛等各种社交媒体中进行网上调研，最终收获关于当代汉服消费市场的现状调查（汉服爱好者篇）120份，关于当代汉服消费市场的现状调查（汉服商家篇）15份。

最后对问卷进行了数据分析，深度了解当代汉服市场、消费群体特征等实况。

1）汉服爱好者们的年轻化特征和学生身份特征比较明显。年龄在15~30岁区间的占比为77%，但也不乏15岁以下及61岁以上消费人群。爱好者们中占比最大的为在校学生和企事业单位人员。学生群体占比最大，为40%，企业单位及事业单位人员分别以15%和11%的比例次之。

2）汉服爱好者月收入及汉服年消费额都多位于3000元以下。因消费者多为学生，月收入较低，月收入以3000元以下为主。汉服年消费额500~3000元占比最大，为76%，说明汉服的消费力整体还比较弱；但数据显示也有月收入在30000元以上的消费人群，还有近8%的汉服消费者的年汉服消费额为5000~30000元，表明存在汉服的高消费人群。随着汉服认知的普及和汉服爱好者自身的成长，这部分比例应该会逐渐增长。

3）汉服的售价较低，一般低于旗袍或婚纱等定制服装。基于汉服商家汉服价格的分析，每套800元以下占比为87%。汉服商家的营业额也较低，年营业额1~10万元的占比为65%，领袖地位的汉服品牌的年营业额约为200万。大多商家提供的汉服价位迎合了消费者的消费能力，但存在当代汉服品质感低的实况，与传承汉服蕴含古韵之意存在差距。

4）汉服爱好者们穿着汉服的场合为传统节日、日常活动和日常生活等。其中一般汉服活动穿着占比为6%，传统节日穿着占比为25%，还有22%的汉服爱好者日常生活也穿着汉服。

5）汉服爱好者们对于汉服款式的喜好在各朝代的经典汉服款式之间平分秋色，对于汉服面料的取向亦同。对汉唐优雅端庄曲裾的推崇占比为17%，对明朝清新淡雅褙子的喜爱占比为16%、袄裙的喜爱占比为14%，对隋唐飘逸柔美齐胸襦裙的喜好占比为13%。对于汉服材质的选择为棉、棉麻、织锦、府绸、真丝、雪纺，其中棉因风格自然古朴且性价比高占比为20%，其次为飘逸柔美的真丝和典雅的织锦以及府绸。而对于15家当代汉服商家的汉服设计生产喜好分析，款式以夹袄、半臂、齐胸襦裙、褙子为主；面料以雪纺、真丝、棉麻、棉、织锦、府绸为主。其中袄裙以27%为最高占比，半臂与齐胸襦裙以20%次之，褙子占16%；轻薄飘逸的雪纺、真丝，自然古朴的棉麻以18%为最高占比，其次为棉13%，织锦、府绸10%。

6）汉服爱好者们中意的汉服面料色系为蓝色系、红色系、白色系和绿色系；中意的汉服纹样为植物、天文现象纹样、素色及动物纹样。其中蓝色系占21%、红色系占20%；植物纹样占29%、素色占24%、天文现象纹样占23%。而汉服商家进行设计时红色系占27%，为最高，蓝色系占22%、绿色系占17%次之；商家出品的汉服中素色占33%、植物纹样占28%、动物纹样占21%。

7）汉服商家的汉服制作技术较弱，交货周期较长。一套汉服定制周期位于7天以内的占13%，位于16~45天的占67%。汉服爱好者们对于当代汉服的款式、图案、做工、价位、定制周期的满意度都有改进提升的期待。其中对于做工的改进期待占比为19%，对于面料的改进期待占16%，对于定制周期的改进期待占14%。

同时还发现商家和爱好者之间还存在一些差池。比如：曲裾为汉服爱好者最为喜好的汉服款式，而商家设计生产的曲裾较少；汉服商家提供的黑色系汉服较多，而爱好者相对喜好白色系；汉服商家设计的汉服以素色为多，而爱好者们更向往汉服有植物纹样、天文现象纹样。随着当代汉服产购互动的持续进行，商家行为和消费者的喜好必定会逐渐趋合，随着汉服穿着实践的持续，消费者和商家对于汉服文化性和品质的认知和需求必定也会越来越上升，会逐渐发展为比较成熟的汉服产购模式和技术状态。

二、电商市场汉服款式面貌

当代汉服的销售以网络市场为主要渠道，通过对淘宝网73家销量靠前的汉服商家调研，选取了112款代表性产品进行了当代汉服款式分析。

（1）当代汉服主要的搭配形制为深衣制和上衣下裳制。其中：深衣制主要有对襟上衣或大袖衫搭配齐胸下裙及披帛的形式、中衣或长曲裾搭配大带的形式；上衣下裳制主要有交领右衽上襦、对襟半臂、夹袄、长褙子搭配齐腰下裙的形式，或者交领右衽上襦、对襟上衣搭配齐胸下裙的形式，见表2-2-1。

表2-2-1 当代汉服女装主要搭配形制图

款 式	交领右衽上襦搭配 齐腰下裙	交领右衽上襦、对襟半臂 搭配齐腰下裙	对襟上衣搭配 齐胸下裙
搭配 效果图	交领上襦 大带 齐腰下裙	交领上襦 对襟半臂 大带 齐腰下裙	对襟上衣 大带 齐胸下裙

款 式	夹袄搭配 马面裙	夹袄、比甲搭配 齐腰下裙	交领上襦、长褙子搭配 齐腰下裙
搭配 效果图	夹袄 马面裙	比甲 夹袄 齐腰下裙　腰玉佩 大带	交领上襦 长褙子 大带 齐腰下裙

款 式	对襟上衣、大袖衫 搭配齐胸下裙和披帛	中衣、圆领袍 搭配革带	中衣、长曲裾 搭配大带
搭配 效果图	对襟上衣 大袖衫　璎珞 齐胸下裙　披帛 翘头履	中衣 圆领袍 革带	长曲裾 腰封 大带

（2）当代汉服款式主要有齐胸襦裙、褙子、交领右衽上衣、夹袄、深衣、曲裾、大袖衫、对襟上衣、比肩等，它们分属上衣下裳和深衣两类，见表2-2-2和表2-2-3。

表2-2-2　当代汉服上衣下裳款式

款式	交领右衽上襦	对襟上衣	半臂	比甲
款式图				
穿着图				

款式	大袖衫	褙子	夹袄
款式图			
穿着图			

表2-2-3　当代汉服深衣款式

款式	圆领袍	短曲裾	长曲裾
款式图			
穿着图			
款式	齐胸下裙	齐腰下裙	马面裙
款式图			
穿着图			

表 2-2-4　当代汉服领型

领型	款式图	领型	款式图
交领右衽		立领	
对襟直领		袒领	
圆领		翻领	
方领		—	—

（3）当代汉服领型有交领右衽、对襟直领、圆领、方领、立领、袒领、翻领，其中以交领右衽及对襟直领为多，见表2-2-4。

表 2-2-5　当代汉服袖型分类

袖型	款式图	领型	款式图
半袖		琵琶袖	
箭袖		大袖	
筒袖		半宽袖	
垂胡袖		广袖	

（4）当代汉服袖型有半袖、筒袖、箭袖、垂胡袖、琵琶袖、大袖、半宽袖、广袖；其中以筒袖、箭袖、大袖、垂胡袖、琵琶袖为多，见表2-2-5。

第三章　当代汉服规格尺寸

第一节　当代汉服规格尺寸调查

服装规格包括示明规格和技术规格，示明规格是指标识在服装上的服装大小指示，为消费者选购服装作参照作用，如160/84A或M等；技术规格是在示明规格之下进行服装制作时所用到的细部尺寸，如衣长、胸围、肩宽、袖长、领宽等，技术规格是服装设计和纸样设计的关键内容，准确的技术规格是服装造型美观和穿着合体且舒适的保证。

由于汉服已经失传多年，也罕见关于汉服细部规格的典籍记载，关于汉服的技术规格无法从古代汉服获知，虽然博物馆研究人员对如马王堆出土汉服也进行了一些尺寸获取的研究，但是资料寥寥，无从支持当代汉服结合当代人体的规格尺寸设计。

结合市场调研，选取了好评度、销量居前的汉服品牌的典型汉服款式进行了规格尺寸数据调研和分析，提炼了基于市场的当代汉服普遍性规格尺寸数据，为汉服的纸样设计提供基础。

1. 交领右衽上襦与齐腰下裙

交领右衽上襦的主要规格包括衣长、通袖长、胸围、袖口宽（½袖口）等；齐腰下裙的主要规格有裙长、裙头长（裙头长＝腰围×1.5）、摆围等。

表3-1-1所示是品牌产品展示中说明的对应规格尺寸，表3-1-2所示是结合服装号型标准和服装推码规则后完整的多码细部规格尺寸。

表3-1-1　交领右衽上襦与齐腰下裙品牌产品中码规格尺寸

单位：cm

品牌	示明规格	身高	交领右衽上襦				齐腰下裙		
			衣长	通袖长	胸围	½袖口	裙长	腰围	摆围
品牌A	M	—	56	160	<88	—	98	62~72	—
品牌B	160	—	60	159	90	14.5	101	72	—
品牌C	160	160	—	—	83	—	100	—	—
品牌D	M	160	58	152	<94	13	95	<85	270

表3-1-2　交领右衽上襦与齐腰下裙参考性多码规格尺寸

单位：cm

交领右衽上襦 与齐腰下裙	示明规格	衣长	通袖长	胸围	$\frac{1}{2}$袖口	裙长	腰围	裙摆围
	XS（150）	54	150	82	12.5	92	60	270
	S（155）	56	155	86	13	95	64	270
	M（160）	58	160	90	13.5	98	68	270
	L（165）	60	165	94	14	101	72	275
	XL（170）	63	170	98	14.5	104	76	275

2. 对襟上衣与齐胸下裙

对襟上衣的主要规格为衣长、通袖长、胸围、$\frac{1}{2}$袖口等；齐胸下裙的主要规格为裙长、裙头宽（腰头宽）、裙头长（上胸围×1.5）、裙摆围等。

表3-1-3所示是品牌产品展示中说明的对应规格尺寸，表3-1-4所示是结合服装号型标准和服装推码规则后完整的多码细部规格尺寸。

表3-1-3　对襟上衣与齐胸下裙品牌产品中码规格尺寸

单位：cm

品牌	示明规格	身高	对襟上衣				齐胸下裙			
			衣长	通袖长	胸围	$\frac{1}{2}$袖口	裙长	裙头宽	裙头长	摆围
品牌A	M	—	59	198	—	—	124	—	—	—
品牌B	160	—	49.5	159	88	19.3	120	10	—	—
品牌C	160	160	—	—	83	—	120	—	—	—
品牌D	M	—	58	160	<94	14	117	9	—	300

表3-1-4　对襟上衣与齐胸下裙参考性多码规格尺寸

单位：cm

齐胸下裙	示明规格	衣长	通袖长	胸围	$\frac{1}{2}$袖口	裙长	裙头宽	裙头长	摆围
	XS（150）	49	150	78	15.5	114	9	—	280
	S（155）	52	155	82	16	118	9	—	290
	M（160）	55	160	86	16.5	122	9	—	290
	L（165）	58	165	88	17	126	10	—	300
	XL（170）	61	170	92	17.5	130	10	—	300

3. 夹袄与马面裙

夹袄的主要规格为衣长、通袖长、胸围、½ 袖口；马面裙的主要规格为裙长、裙头长（腰围 × 1.5）、摆围等。

表3-1-5所示是品牌产品展示中说明的对应规格尺寸，表3-1-6所示是结合服装号型标准和服装推码规则后完整的多码细部规格尺寸。

表3-1-5　夹袄与马面裙品牌产品中码规格尺寸

单位：cm

品牌	示明规格	身高	夹袄				马面裙		
			衣长	通袖长	胸围	½ 袖口	裙长	裙头长	摆围
品牌A	M	—	57	—	83	—	—	—	—
品牌B	160	—	58	160	92	15	103	93	—
品牌C	160	160	—	—	83	—	—	—	—
品牌D	M	—	58	166	—	15	96	—	275

表3-1-6　夹袄与马面裙参考性多码规格尺寸

单位：cm

袄裙	示明规格	衣长	通袖长	胸围	½ 袖口宽	裙长	裙头宽	裙头长	摆围
	XS（150）	54	150	88	14.5	89	3	—	270
	S（155）	56	155	92	15	93	3	—	270
	M（160）	58	160	96	15.5	97	3	—	270
	L（165）	60	165	100	16	101	4	—	275
	XL（170）	63	170	104	16.5	105	4	—	275

4. 褙子

褙子的主要规格为衣长、通袖长、胸围、½ 袖口等。

表3-1-7所示是品牌产品展示中说明的对应规格尺寸，表3-1-8所示是结合服装号型标准和服装推码规则后完整的多码细部规格尺寸。

表3-1-7　褙子品牌产品中码规格尺寸

单位：cm

品牌	示明规格	身高	衣长	通袖长	胸围	½ 袖口
品牌A	M	—	97	160	80~86	—
品牌B	160	—	100	167	95	17
品牌C	160	160	—	—	83	—
品牌D	M	—	88	168	96	15.5

表3-1-8　褙子参考性多码规格尺寸

单位：cm

褙子	示明规格	衣长	通袖长	胸围	½ 袖口
	XS（150）	80	150	86	15.5
	S（155）	83	155	90	16
	M（160）	86	160	94	16.5
	L（165）	89	165	98	17
	XL（170）	92	170	92	17.5

5. 大袖衫

大袖衫主要规格为衣长、通袖长、胸围、½ 袖口、领缘宽。

表3-1-9所示是品牌产品展示中说明的对应规格尺寸，表3-10所示是结合服装号型标准和服装推码规则后完整的多码细部规格尺寸。

表3-1-9　大袖衫品牌产品中码规格尺寸

单位：cm

品牌	示明规格	身高	大袖衫				
			衣长	通袖长	胸围	½ 袖口	领缘宽
品牌A	M	—	125	201	—	80	—
品牌B	160	—	113	215	106	68	—
品牌C	160	160	—	—	83	—	—
品牌D	M	—	128	186	<102	75	5.5

表3-1-10　大袖衫参考性多码规格尺寸

单位：cm

大袖衫	示明规格	衣长	通袖长	胸围	½ 袖口	领缘宽
	XS（150）	110	175	96	68	5
	S（155）	113	180	100	70	5
	M（160）	116	185	104	72	5.5
	L（165）	119	190	108	74	6
	XL（170）	121	195	112	76	6

6. 圆领袍

圆领袍的主要规格为衣长、通袖长、胸围、½袖口等。

表3-1-11所示是品牌产品展示中说明的对应规格尺寸，表3-1-12所示是结合服装号型标准和服装推码规则后完整的多码细部规格尺寸。

表3-1-11　圆领袍品牌产品中码规格尺寸

单位：cm

品牌	示明规格	身高	衣长	通袖长	胸围	½袖口
品牌A	M	—	118	165	90	13
品牌B	160	—	113	171	99	15.5
品牌C	160	160	—	—	83	—
品牌D	M	—	88	166	96	16

表3-1-12　圆领袍参考性多码规格尺寸

单位：cm

圆领袍	示明规格	衣长	通袖长	胸围	½袖口
	XS（150）	104	155	86	15
	S（155）	107	160	90	15.5
	M（160）	110	165	94	16
	L（165）	113	170	98	16.5
	XL（170）	116	175	102	17

7. 短曲裾

短曲裾主要规格为衣长、通袖长、胸围、腰围、臀围、½袖口等。

表3-1-13所示是品牌产品展示中说明的对应规格尺寸，表3-1-14所示是结合服装号型标准和服装推码规则后完整的多码细部规格尺寸。

表3-1-13　短曲裾品牌产品中码规格尺寸

单位：cm

品牌	示明规格	身高	衣长	通袖长	胸围	腰围	臀围	½袖口
品牌A	M	—	94	240	—	—	—	—
品牌B	160	—	99	207	88	76	—	52
品牌C	160	160	—	—	83	—	83	—
品牌D	M	—	87	182	91	79	91	60

表3-1-14　短曲裾参考性多码规格尺寸

单位：cm

短曲裾	示明规格	衣长	通袖长	胸围	腰围	臀围	½袖口
	XS（150）	86	185	96	84	96	55
	S（155）	90	190	100	88	100	60
	M（160）	94	195	104	92	104	65
	L（165）	98	200	108	96	108	70
	XL（170）	92	205	112	100	112	75

第二节　当代汉服规格尺寸获取

　　关于某汉服款式的规格尺寸，当无法采用实物量取时，可以采用数字化方法进行汉服细部规格尺寸的获取，并以之作为汉服研究和汉服设计的基础。

　　基于汉服的平面化特征，可依据汉服平铺的展示图像，运用CorelDraw X6撷取矢量化的汉服款式图，将矢量化的汉服款式图与人体图拟合，通过与人体数据的比对，可以获取汉服相对应的主要规格尺寸。

　　具体方法为：

　　（1）依据标准体、个人人体的照片或者三维系统中人体模型，在CorelDraw X6软件中绘制人体正面图，人体姿势需为双脚微分开站立、双臂平举展开状态。图3-2-1所示为基于160/84A女子人体的直立展臂正面图。

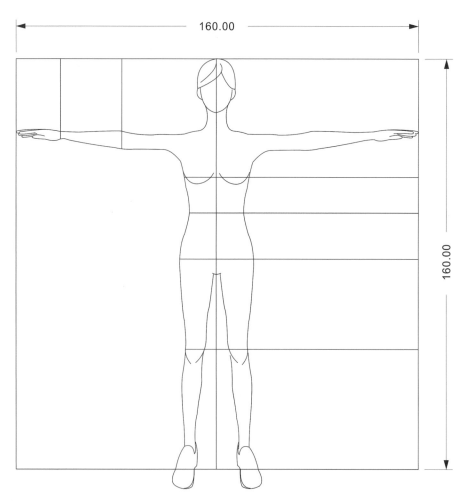

图3-2-1　160/84A女子人体直立展臂正面图（单位：cm）

（2）将汉服平铺展示图导入CorelDraw X6，运用绘图工具描绘其轮廓线和结构线，获得矢量化的汉服款式图线。以夹袄为例，见图3-2-2。

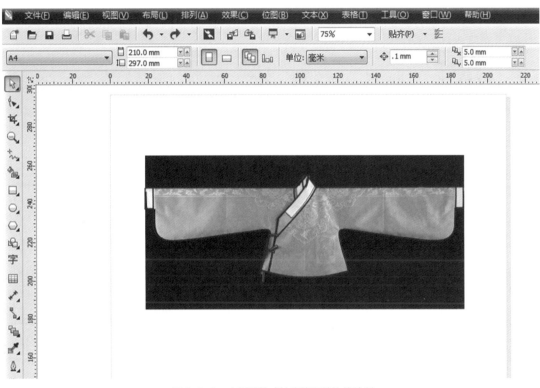

图3-2-2　夹袄的款式轮廓线和结构线绘制

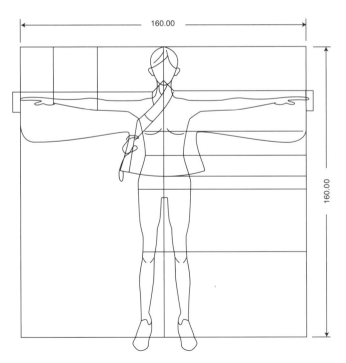

图3-2-3　夹袄款式图与人体图叠放及缩放调整（单位：cm）

（3）将所绘制的矢量化汉服款式图叠放于人体图上，在纵横比锁定的状态下调整款式图的缩放比例，将款式图与人体拟合。基于汉服通袖袖长遮没手指的款式特征，将款式图袖口与人体图的手指尖对齐；基于人体展臂长约等于身高的特征，以及参考夹袄通袖长为160cm尺寸基础，确定了夹袄基于人体图的比例缩放调整，如图3-2-3所示。

（4）在确定比例调整的款式图上，用CorelDraw X6的测量工具，测量获取其他部位的细部尺寸，如图3-2-4所示。

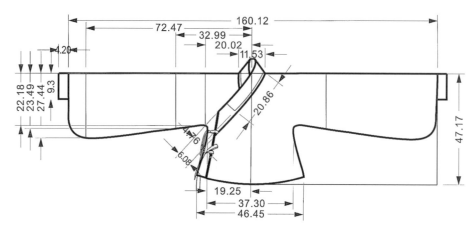

图3-2-4　夹袄细部尺寸测量（单位：cm）

（5）以此方法，对多款夹袄进行叠放比对研究，获得各细部尺寸的变化区间，掌握夹袄的规格变化规律，见图3-2-5所示。对其他款式的尺寸研究，其方法类同。

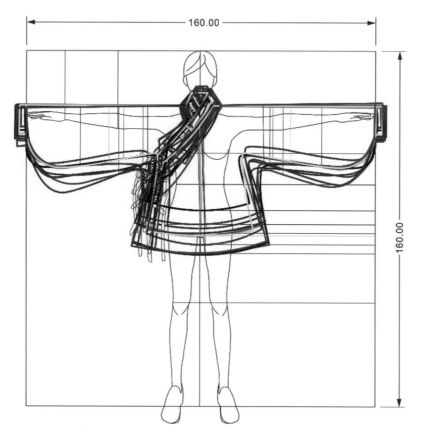

图3-2-5　夹袄结构轮廓图（单位：cm）

第四章　当代汉服结构设计

第一节　交领右衽上襦

交领右衽上襦作为汉服经典上衣款式，主要款式特点为：衣身廓形以H型或小A型为主，不收腰省，侧缝呈直线，下摆呈微平弧状，衣长及臀；领型为交领右衽；袖型以筒袖、箭袖为主，也有胡袖、半宽袖，袖长较长，一般盖过手指尖，回肘后袖口线可垂直于地面。

一、结构尺寸

交领右衽上襦的主要规格尺寸包括衣长、通袖长、胸围、½袖口，细部尺寸还有横开领口宽、后领口深、领缘宽、袖肥、肩线长、袖缘宽、半肩宽、下摆宽、门襟宽、门襟高，见图4-1-1。

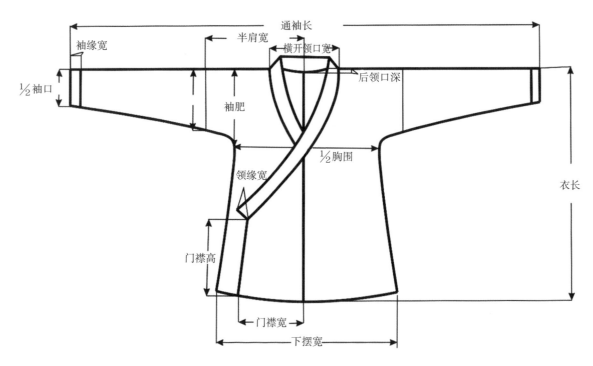

图4-1-1　交领右衽上襦部位名称

选取了14款交领右衽上襦调研款式，在CorelDraw X6软件中绘制平面图并进行比例调节，测量各细部尺寸并进行数据对比分析，获得细部尺寸范围、基本细部尺寸及部位回归关系公式，详见表4-1-1。

表4-1-1　交领右衽上襦规格部位参考尺寸

单位：cm

部位名称	部位简写	尺寸区间	回归公式
衣长	CL	55~75	CL
通袖长	TXL	160	h
1/2 胸围	B/2	44~52	B/2
横开领口宽	NW	13.5~17	NW=B/10+x
后领口深	ND	0~1.5	ND=0.3B/20+x
领缘宽	NR	4~8	NR=CW/3+x
袖肥	AW	17~24（箭筒袖）、30~36（半宽袖）	AW=B/5+x
1/2 袖口	CW	13~20（箭筒袖）、30~36（半宽袖）	CW
袖缘宽	XYK	3~5	XYK
半肩宽	HSW	38~42	HSW =h/4+x
肩线长	JXC	20~28	JXC= B/8+x
下摆宽	XB	52~65	XB=11B/20+x
门襟宽	MJK	10~25（箭筒袖）、30~35（半宽袖）	MJK=B/6+x
门襟高	MJG	15~40	MJG=CL/3+x

注：x为调整数，可用于适当调整为整数设置，或为各部位依据款式特别放大或缩小而设置。

二、制图方法

图4-1-2　交领右衽上襦款式图

（1）款式图

见图4-1-2。

（2）款式分析

衣身：后中破缝、小A型；领子：交领右衽（半门襟）；袖子：箭袖；下摆：微宽，水平下摆。

（3）规格设计

见表4-1-2。

表4-1-2　交领右衽上襦示例参考规格尺寸

单位：cm

部位名称（简写）	参考尺寸	回归公式	部位名称（简写）	参考尺寸	回归公式
衣长（CL）	65	CL	1/2 袖口（CW）	15	CW
通袖长（TXL）	160	h	袖缘宽（XYK）	5	CW/3
1/2 胸围（B/2）	50	B/2	半肩宽（HSW）	40	h/4
横开领口宽（NW）	15	0.1B+5	肩线长（JXC）	17	B/8+4.5
后领口深（ND）	1.5	0.3B/20	下摆宽（XB）	55	11B/20
领缘宽（NR）	5	CW/3	门襟宽（MJK）	18	B/6+1.4
袖肥（AW）	20	B/5	门襟高（MJG）	24	CL/3+2.4

注：示例款号型为160/84A

（4）制图步骤

① 衣身基础结构线

绘制矩形框aa'b'b，其中aa'=bb'= CL×2，ab= a'b'= B/4。交领右衽上襦为前、后衣身通裁，此为前后衣身的基础框线，其中aa'为前后身衣长，ab为半身宽。

② 袖身结构线

自aa'中点c绘制水平线cd= TXL/2-XYK=h/2-CW/3。cd为袖中线。

自d点向下绘制竖直线de=CW。de为袖口线。

③ 下摆与门襟

自a点向右绘制水平线af= XB/2=11B/40。af为左下摆宽。

自f点向上绘制竖直线fg=1.5cm。fg为下摆起翘量（一般可为1.5~2cm）。

连接ag点并将其调整为圆顺的弧线。ag为右下摆弧线。

自a点向左绘制水平线ah= MJK=B/6+1.4cm。ah为门襟宽。

自h点向上绘制竖直线hi= MJG =CL/3+2.4cm。hi为左门襟高。

将右下摆弧线ag以aa'为对称轴对称为左下摆，将h点竖直向上调整至左下摆上。弧线ah为左下摆弧线。

上述制图步骤见图4-1-3。

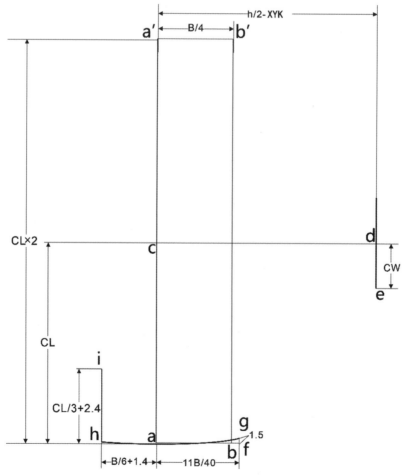

图4-1-3　交领右衽上襦结构制图步骤①~③

④ 左领口弧线

自c点竖直向上量取后领口深ND=0.3B/20，确定后领窝点BNP；自c点水平向右量取横开领口宽的一半NW/2=（0.1B+5）/2，确定侧颈点SNP；自c点竖直向下量取CL/4，确定前领窝点FNP。

连接点BNP、SNP、FNP、i绘制出圆顺的弧线，使之符合人体结构，即为左领口线。为保证领口伏贴，前领口线不可过弧，弧线下端最好接近直线。

测量左领口线长并将其设定为参数a_1，以备后续领缘的绘制。

⑤ 右领口弧线

以将左领口线以aa'为对称轴对称为右领口弧线。

自a点水平向右绘制直线aj=CW/3。aj为右侧门襟宽，为节省面料右侧门襟宽短于左侧门襟。

自j点向上绘制竖直线jk，jk为右门襟高。

jk与右领口弧线交与k点，BNP点至k点之间的弧线为右领口线。

测量右领口线长并将其设定为参数b_1，以备后续领缘的绘制。

上述制图步骤见图4-1-4。

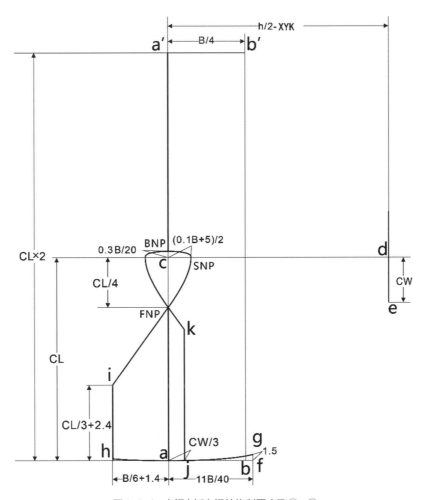

图4-1-4　交领右衽上襦结构制图步骤④~⑤

⑥ 基础袖底缝线及基础衣身侧缝线

自c点水平向右量取袖肥宽B/4，确定点1。

自1点向下绘制竖直线lm= AW=B/5，lm为袖肥线。

自c点水平向右量取半肩宽HSW=h/4，确定点n。

自n点向下绘制竖直线no=JXC=B/8+4.5cm，no为肩线。

连接袖肥线端点m、肩宽线端点o和袖口端点e绘制圆顺的曲线moe。moe为基础袖底线。

连接袖肥线端点m及左下摆端点g绘制直线mg。mg为基础衣身侧缝线。

⑦ 衣身袖底侧缝线

绘制mo与mg向右下方的角平分线mp，mp=6cm（一般可为4~8cm），以确定点p。

使用加圆角工具对moe与mg以6cm为半径加圆角。

连接点e、o、p、g，根据基础袖底线eom及mg,绘制圆顺的曲线。eopg为衣身袖底侧缝线。

⑧ 对称结构线

将前衣身、衣袖结构线以袖中线cd为对称轴对称为后衣身结构线。

上述制图步骤见图4-1-5。

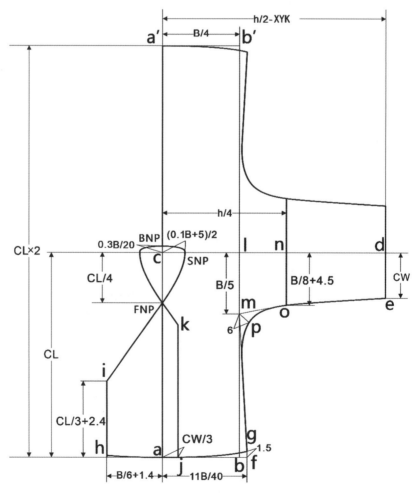

图4-1-5 交领右衽上襦结构制图步骤⑥~⑧

⑨ 领缘与袖缘

绘制矩形框 qq'r'r，其中 qq'=rr'=a_1+b_1-2，qr=q'r'= NR=CW/3。此为领缘结构图。qq' 为领口弧线长，为保证领缘伏贴，衣身领口线在左右前胸处各缝缩1cm；qr 为领缘宽。

绘制矩形框 ss't't，ss'=tt'=CW×2，st=s't'=XYK=CW/3。此为袖缘结构图。其中 ss' 为袖口线长，st 为领缘宽。

上述制图步骤见图4-1-6。

至此，交领右衽上襦的结构图绘制完成。

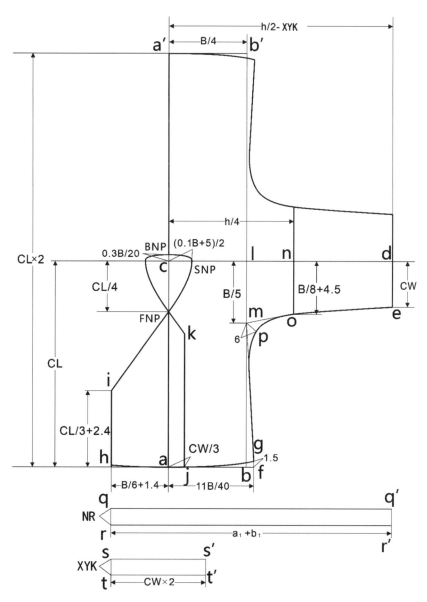

图4-1-6　交领右衽上襦结构制图步骤⑨

（5）样片图

后期以衣身肩线，后中线为分割线提取样片为衣身样片、袖身样片、左右门襟样片、袖缘、领缘。对称袖缘、领缘样片后放置缝缝为1cm，其中衣身下摆左右门襟外口缝缝为3cm。交领右衽上襦样片放缝图见下图4-1-7。

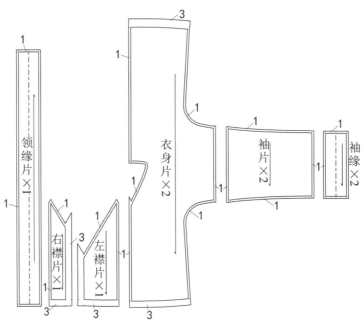

图4-1-7　交领右衽上襦样片图

三、样衣

样衣展示如图4-1-8所示。

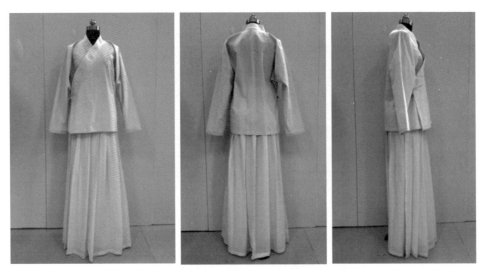

图4-1-8　样衣展示

第二节　交领半臂

交领半臂一般作为外套穿着（古代较为保守，着装时多数不可露出手臂皮肤，现代人思想较为开放，夏季可单穿半臂露出手臂）。交领半臂款式特点与交领右衽上襦类似，不同之处为袖长较短，袖长大约及肘，为方便内搭服装，袖肥及袖口较大，胸围放松量也较大。

一、结构尺寸

交领半臂主要尺寸为衣长、通袖长、胸围、½袖口，细部尺寸为横开领口宽、后领口深、领缘宽、袖肥、下摆宽、门襟宽、门襟高。其部位测量位置见图4-2-1。

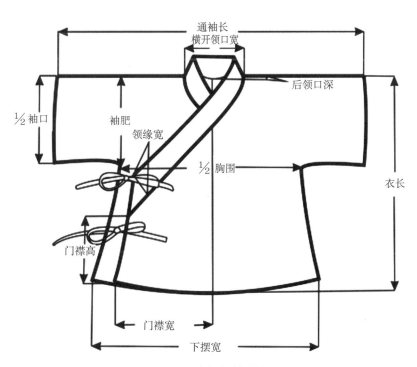

图4-2-1　交领半臂部位名称

半臂在款式结构上可看作交领右衽上襦无接袖的衣身部分，通过上文对交领右衽上襦规格尺寸数据的研究其半肩宽为40cm，所以将半臂的通袖长尺寸设定为80cm。

选取交领半臂，在CorelDraw X6软件中绘制平面图并调节通袖长为80cm，获得8款交领半臂细部尺寸，并用最大值、最小值、平均值、中值等对数据进行分析得到交领半臂基本款细部尺寸范围及样衣尺寸，见表4-2-1。交领半臂的基本尺寸与交领右衽上襦的基本尺寸类似，最大区别只是其通袖长为交领右衽上襦通袖长的一半。

表4-2-1 交领半臂基本款规格部位参考尺寸

单位：cm

部位名称	部位简写	尺寸区间	回归公式
衣长	CL	61~75	CL
通袖长	TXL	80	h/2
½ 胸围	B/2	44~50	B/2
横开领口宽	NW	13.5~17	NW=B/10+x
后领口深	ND	0~1.5	ND=0.3B/20+x
领缘宽	NR	4~7	NR=CW/3+x
袖肥	AW	23~28	AW=B/4+x
½ 袖口	CW	19~25	CW
半肩宽	SW/2	19~25	SW/2= B/4
下摆宽	XB	52~60	XB=11B/20+x
门襟宽	MJK	15~22	MJK=B/6+x
门襟高	MJG	15~35	MJG=CL/3+x

注：x为调整数,可用于适当调整为整数设置,或为各部位依据款式特别放大或缩小而设置。

图4-2-2 交领半臂示例款式图

二、制图方法

（1）款式图

见图4-2-2。

（2）款式分析

衣身：前后中破缝、小A型；领子：交领右衽（半门襟）；袖子：半袖；下摆：微宽，水平下摆。

（3）规格设计

见表4-2-2。

表4-2-2 交领半臂基本款式分析及基本尺寸

单位：cm

部位名称（简写）	参考尺寸	回归公式	部位名称（简写）	参考尺寸	回归公式
衣长（CL）	65	CL	后领口深（ND）	1.5	0.3B/20+0.06
通袖长（TXL）	80	h/2	½ 袖口（CW）	23	CW
½ 胸围（B/2）	48	B/2	半肩宽（SW/2）	24	B/4
横开领口宽（NW）	16	0.1×B+6.4	下摆宽（XB）	52	11B/20−0.8
袖肥（AW）	26	B/4+2	门襟宽（MJK）	16	B/6
领缘宽（NR）	5	CW/4−0.75	门襟高（MJG）	22	CL/3+0.3

注：示例款号型为160/84A 。

（4）制图步骤

① 衣身基础结构线

绘制矩形框 aa'b'b，其中 aa'=bb'= CL×2，ab= a'b'= B/4。交领半臂为前、后衣身通裁，此为前后衣身的基础框线，其中 aa' 为前后身衣长，ab 为半身宽。

② 袖身结构线

自 aa' 中点 c 绘制水平线 cd= TXL/2 =h/4。cd 为袖中线。

自 d 点向下绘制竖直线 de=CW。de 为袖口线。

③ 下摆与门襟

自 a 点向右绘制水平线 af= XB/2=（11B/20-0.8）/2。af 为左下摆宽。

自 f 点向上绘制竖直线 fg=1.5cm。fg 为下摆起翘量（一般可为 1.5~2cm）。

连接 ag 点并将其调整为圆顺的弧线。ag 为右下摆弧线。

自 a 点向左绘制水平线 ah= MJK=B/6。ah 为门襟宽。

自 h 点向上绘制竖直线 hi= MJG =CL/3+0.4cm。hi 为门襟高。

自 i 点向右绘制水平线 ij=2cm。ij 为门襟倾斜量。

直线连接 hj。hj 为左门襟高。

将右下摆弧线 ag 以 aa' 为对称轴对称为左下摆，将 h 点竖直向上调整至左下摆上。弧线 ah 为左下摆弧线。

上述制图步骤见图 4-2-3。

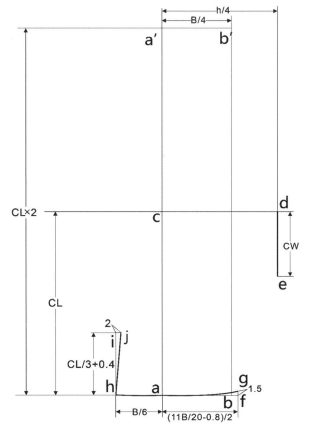

图4-2-3　交领半臂结构制图步骤①~③

④ 左领口弧线

自c点竖直向上量取后领口深ND=0.3B/20+0.06cm，确定后领窝点BNP；自c点水平向右量取横开领口宽的一半NW/2=（0.1×B+6.4）/2，确定侧颈点SNP；自c点竖直向下量取CL/3，确定前领窝点FNP。

连接点BNP、SNP、FNP、j绘制圆顺的弧线，使之符合人体结构，即为左领口线。为保证领口伏贴，前领口线不可过弧，弧线下端最好接近直线。

测量左领口线长并将其设定为参数a_1，以备后续领缘的绘制。

⑤ 右领口弧线

将左领口线以aa'为对称轴对称为右领口弧线。

自a点水平向右绘制直线ak=CW/4-0.75cm。ak为右侧门襟宽，为节省面料右侧门襟宽短于左侧门襟。

自k点向上绘制竖直线kl，kl为右门襟。

kl与右领口弧线交与l点，BNP点至l点之间的弧线为右领口线。

测量右领口线长并将其设定为参数b_1，以备后续领缘的绘制。

上述制图步骤见图4-2-4。

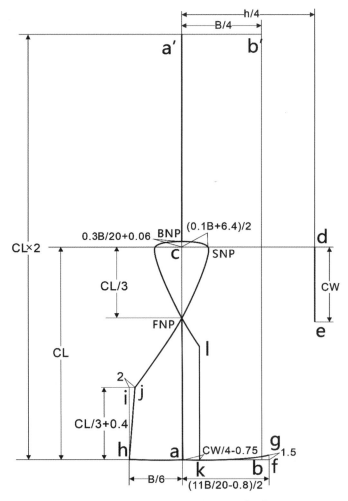

图4-2-4 交领半臂结构制图步骤④~⑤

⑥ 基础袖底缝线及基础衣身侧缝线

自c点水平向右量取半肩宽SW/2=B/4，确定点m。

自m点竖直向下绘制直线mn=AW=B/4+2cm，mn为袖肥线。

连接袖肥线端点n和袖口端点e绘制直线en。en为基础袖底线。

连接袖肥线端点n和右下摆端点g绘制直线ng。ng为基础衣身侧缝线。

⑦ 衣身袖底侧缝线

绘制en与ng向右下方的角平分线no，no=4cm（一般可为4~8cm），以确定点o。

使用加圆角工具对en与ng以4cm为半径加圆角。

连接点e、o、g，基于基础袖底线en以及ng，绘制圆顺的曲线。eog为衣身袖底侧缝线。

⑧ 对称结构线

将前衣身、衣袖结构线以袖中线cd为对称轴对称为后衣身结构线。

上述步骤见图4-2-5。

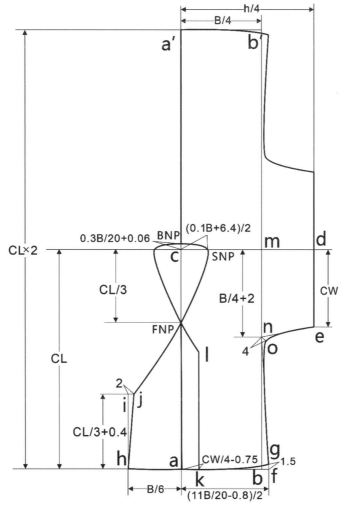

图4-2-5　交领半臂结构制图步骤⑥~⑧

⑨ 领缘与袖缘

绘制矩形框 pp'q'q，其中 pp'=qq'=a_1+b_1-2，pq= p'q'= NR=CW/4-0.75cm。此为领缘结构图。

pp'为领口弧线长，为保证领缘伏贴，衣身领口线在左右前胸处各缝缩1cm；NR为领缘宽。

上述制图步骤见图4-2-6。

至此，交领半臂的结构图绘制完成。

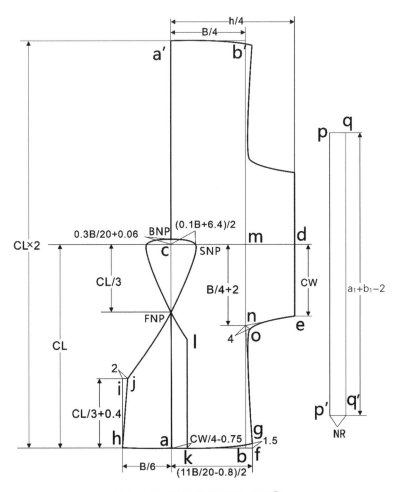

图4-2-6　交领半臂结构制图步骤⑨

（5）样片图

　　后期以衣身肩线，前后中线为分割线提取样片为衣身样片、袖身样片、左右门襟样片、领缘。对称领缘样片后放置缝缝为1cm，其中衣身下摆、左右门襟外口、袖口缝份为3cm。交领半臂样片放缝图见图4-2-7。

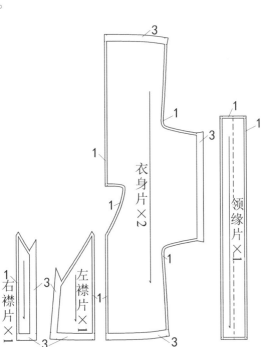

图4-2-7　交领半臂样片图

三、样衣

　　样衣展示如图4-2-8所示。

图4-2-8　样衣展示

第三节　对襟上衣

　　对襟上衣可以看作为对襟半臂加接袖，也可看做为将交领右衽上襦的领型换做为对襟直领，其款式结构特点类似。同样一般内搭交领右衽上襦中衣或抹胸作为外套穿着，或作为内搭搭配齐胸下裙穿着。

一、结构尺寸

　　对襟上衣主要尺寸为衣长、胸围、通袖长、½袖口，细部尺寸为横开领口宽、后领口深、领缘宽、袖肥、半肩宽、肩线长、下摆宽、门襟宽。其部位测量位置见下图4-3-1。

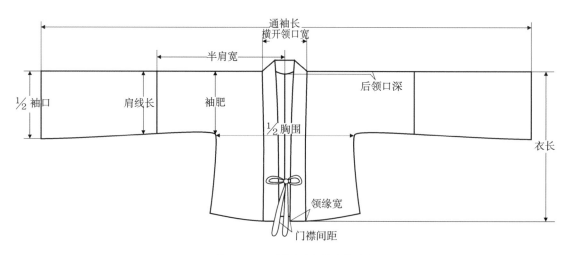

图4-3-1　对襟上衣规格部位名称

　　对襟上衣的尺寸数据分析方法同第七节中的夹袄，选取对襟上衣的清晰平面图，通过CorelDraw X6绘制其轮廓线及结构线。同样为标准体160/84A制作基础样衣，调节通袖长为160cm，在此基础上获得其细部尺寸，通过绘制13款同类对襟上衣得到其细部尺寸数据，并用最大值、最小值、平均值、中值等对数据进行分析得到基本款对襟上衣细部尺寸范围及样衣尺寸，见表4-3-1。

　　本文研究的对襟上衣袖口采用卷边缝，而不设置袖缘，因此将袖缘宽设定为0，袖型采用较贴体的筒袖。领型为对襟直领，其门襟之间有间距，通过数据分析将间距设定为7cm。

表4-3-1 对襟上衣基本款数据分析

单位：cm

部位名称	部位简写	尺寸区间	回归公式
衣长	CL	50~65	CL
通袖长	TXL	160	h
$\frac{1}{2}$胸围	B/2	45~52	B/2
横开领口宽	NW	13~17	NW=B/10+x
后领口深	ND	1.5	ND=0.3B/20+x
领缘宽	NR	4~6	NR=CW/4+x
袖肥	AW	17~25	AW=B/5+x
$\frac{1}{2}$袖口	CW	15~19（箭袖），23~28（半宽袖）	CW
半肩宽	SW/2	34~42	SW/2=h/4
肩线长	JXC	16~26	JXC= B/5+x
下摆宽	XB	50~55（直下摆），62~63（宽下摆）	XB=11B/20+x
门襟间距	MJ	5~9	MJ

注：x为调整数，可用于适当调整为整数设置，或为各部位依据款式特别放大或缩小而设置。

二、制图方法

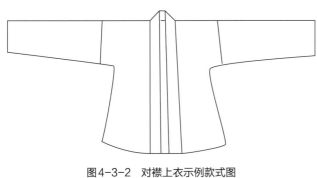

图4-3-2 对襟上衣示例款式图

（1）款式图

见图图4-3-2。

（2）款式分析

衣身：后中破缝、小A型；领子：对襟直领；袖子：筒袖；下摆：微宽，水平下摆。

（3）规格设计

见表4-3-2。

表4-3-2 对襟上衣基本款式分析及基本尺寸

单位：cm

部位名称（简写）	参考尺寸	回归公式	部位	参考尺寸	回归公式
衣长（CL）	55	CL	$\frac{1}{2}$袖口（CW）	15	CW
通袖长（TXL）	160	h	袖缘宽（XYK）	0	0
$\frac{1}{2}$胸围（B/2）	50	B/2	半肩宽（HSW）	40	h/4
横开领口宽（NW）	15	B/10+5	肩线长（JXC）	18	B/5-2
后领口深（ND）	1.5	0.3B/20	下摆宽（XB）	52	11B/20-3
领缘宽（NR）	4	CW/4+0.25	门襟宽（MJK）	7	B/20+2
袖肥（AW）	20	B/5	—	—	—

注：示例款号型为160/84A

（4）制图步骤

在对襟上衣的基本尺寸基础上进行结构样板绘制，其衣身结构可参考交领右衽上襦，其对襟直领结构可参考本章第四节对襟直领半臂领型绘制。

① 衣身基础结构线

绘制矩形框aa'b'b，其中aa'=bb'= CL×2，ab= a'b'= B/4。对襟上襦为前、后衣身通裁，此为前后衣身的基础框线，其中aa`为前后身衣长，ab为半身宽。

② 袖身结构线

自aa'中点c绘制水平线cd= TXL/2 =h/2。cd为袖中线。

自d点向下绘制竖直线de=CW。de为袖口线。

③ 下摆

自a点向右绘制水平线af= XB/2=11B/40-1.5cm。af为左下摆宽。

自f点向上绘制竖直线fg=1.5cm。fg为下摆起翘量（一般可为1.5~2cm）。

连接ag点并将其调整为圆顺的弧线。ag为右下摆弧线。

上述制图步骤见图4-3-3。

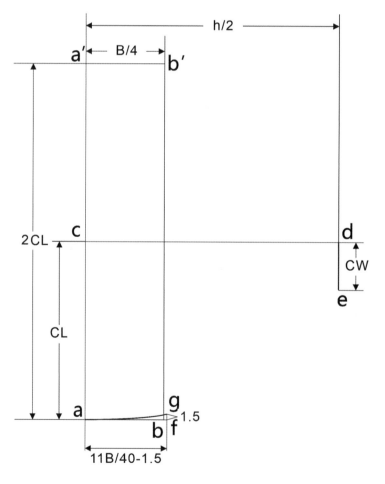

图4-3-3 对襟上衣结构制图步骤①~③

④ 左领口弧线

从a点水平向右量取门襟宽MJK=B/20+2cm，确定h点；自c点竖直向上量取领深ND= 0.3B/20=1.5cm，确定后领窝点BNP；自c点水平向右量取横开领口宽的一半即NW/2=B/20+2.5cm，确定侧颈点SNP。

连接点BNP、SNP、h绘制圆顺的弧线，使之符合人体结构。

测量左领口弧线长并将其设定为参数a_1，以备最后绘制领缘。

上述步骤见下图4-3-4。

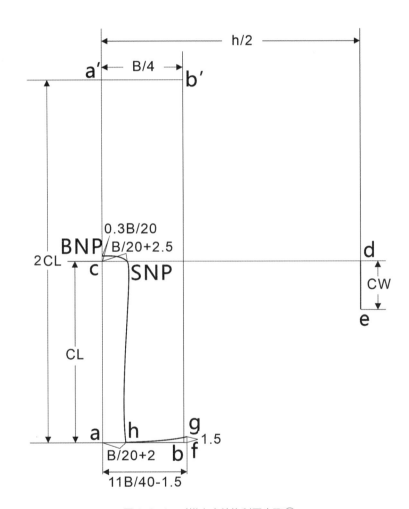

图4-3-4　对襟上衣结构制图步骤④

⑤ 基础袖底缝线及基础衣身侧缝线

自 c 点水平向右量取袖肥宽 B/4，确定点 i；

自 i 点向下竖直量取袖肥 AW=B/5，确定点 j；

自 c 点水平向右量取半肩宽 HSW=h/4，确定点 k；

自 k 点水平竖直向下量取肩线长 JXC=B/5-2cm，确定点 l；

连接袖肥线端点 j、肩宽线端点 l 和袖口端点 e 绘制基础袖底线，连接袖肥线端点 j 及右下摆端点 g 绘制基础衣身侧缝线。

⑥ 衣身袖底侧缝线

绘制 jl 与 jg 向右下方的的角平分线 jm，jm=4cm（一般可为 4~8cm），以确定点 m。

使用加圆角工具对 jle 与 jg 以 4cm 为半径加圆角。

连接点 e、l、m、g，参考基础袖底线 elj 以及 jg，绘制圆顺的曲线 elmg 为衣身袖底侧缝线。

⑦ 对称结构线

将前衣身、衣袖结构线以袖中线 cd 为对称轴对称为后衣身结构线。

上述步骤见图 4-3-5。

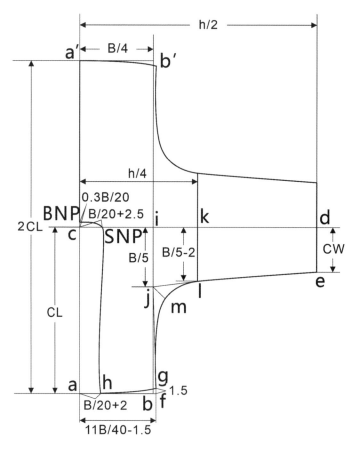

图4-3-5　对襟上衣结构制图步骤⑤~⑦

⑧ 领缘

绘制矩形框nn'o'o，其中nn'=oo'=$a_1 \times 2$-2cm，no= n'o'= NR=CW/4+0.25cm。此为领缘结构图。其中nn'为领口弧线长，为保证领缘伏贴，衣身领口线在左右前胸处各缝缩1cm；no为领缘宽。

至此，对襟上衣的结构图绘制完成，见图4-3-6。

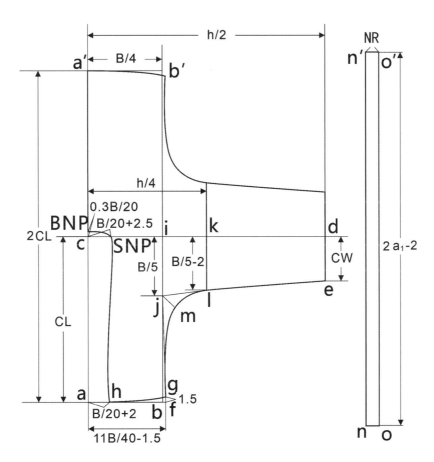

图4-3-6　对襟上衣结构制图步骤⑧

（5）样片图

对襟上衣的样片提取及放置缝份与交领右衽上襦类似。以衣身肩线，前后中线为分割线提取样片为衣身样片、袖身样片、领缘。对称领缘样片后放置缝份为1cm，其中衣身下摆缝份为3cm。其样片放缝图见图4-3-7。

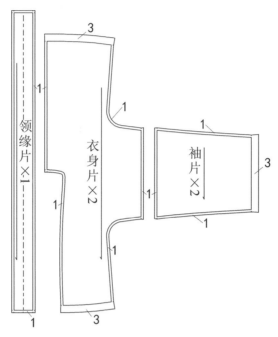

图4-3-7　对襟上衣基本款放缝图

三、样衣

样衣展示如图4-3-8所示。

图4-3-8　样衣展示

第四节　对襟直领半臂

对襟直领半臂与交领右衽半臂款式结构类似，只是领型由交领右衽改为对襟直领，对襟直领半臂，在近腰围处有系带固定。一般作为外套穿着，内搭交领右衽上襦中衣或抹胸。

一、结构尺寸

对襟直领半臂主要尺寸为衣长、胸围、通袖长、½袖口，细部尺寸为半肩宽、横开领口宽、后领口深、领缘宽、袖肥、下摆宽、门襟宽，见图4-4-1。

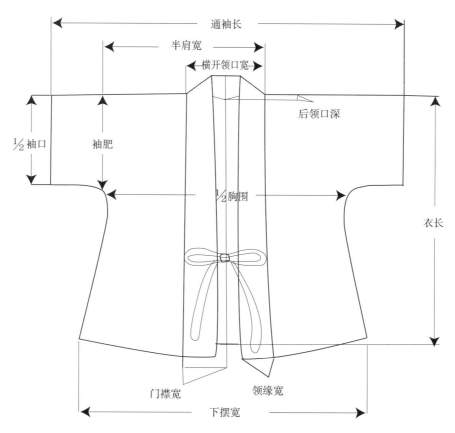

图4-4-1　对襟直领半臂部位名称

对襟直领半臂进行数据分析，选取清晰正面平面图并通过CorelDraw X6将其轮廓线及结构线绘制完成，并调节通袖长为80cm，获得18款对襟直领半臂细部尺寸，并用最大值、最小值、平均值、中值等对数据进行分析得到基本款细部尺寸范围及样衣尺寸，见表4-4-1。

表4-4-1　对襟直领半臂基本款数据分析

单位：cm

部位名称	部位简写	尺寸区间	回归公式
衣长	CL	48~65	CL
通袖长	TXL	80	h/2
1/2 胸围	B/2	44~56	B/2
横开领口宽	NW	13~17	NW=B/10+x
后领口深	ND	0~1.5	ND=0.3B/20+x
领缘宽	NR	4~8	NR=CW/3+x
袖肥	AW	19~28	AW=B/4+x
1/2 袖口	CW	14~25	CW
半肩宽	SW/2	20~28	SW/2= B/4
下摆宽	XB	48~65	XB=11B/20+x
门襟	MJK	5~9	MJK=B/20+x

注：x为调整数，可用于适当调整为整数设置，或为各部位依据款式特别放大或缩小而设置。

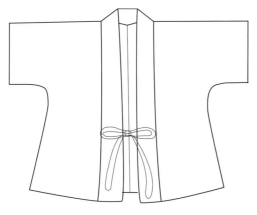

图4-4-2　对襟直领半臂示例款式图

二、制图方法

（1）款式图

见图4-4-2。

（2）款式分析

衣身：后中破缝、小A型；领子：对襟直领；袖子：半袖；下摆：微宽，水平下摆。

（3）规格设计

见表4-4-2。

表4-4-2　对襟直领半臂基本款式分析及基本尺寸

单位：cm

部位名称（简写）	参考尺寸	回归公式	部位	参考尺寸	回归公式
衣长（CL）	55	CL	后领口深（ND）	1.5	0.3B/20
通袖长（TXL）	80	h/2	1/2 袖口（CW）	23	CW
1/2 胸围（B/2）	50	B/2	半肩宽（SW/2）	25	B/4
横开领口宽（NW）	16	0.1×B+6.4	下摆宽（XB）	55	11B/20−0.8
袖肥（AW）	25	B/4	门襟宽（MJK）	7	B/20+2
领缘宽（NR）	6	CW/4+0.25	—	—	—

注：示例款号型为160/84A。

（4）制图步骤

对襟直领半臂的结构图绘制与交领右衽半臂的类似，只是其在绘制领型时，利用后领口深（ND）、横开领口宽（NW）及门襟宽（MJK）确定后中点、侧颈点及门襟止点，再绘制领口线，通过弧线切线调整后领口线、侧领线及下摆门襟线使其圆顺，完成领围线的绘制。其他结构绘制方法与交领右衽上襦一致。

① 衣身基础结构线

绘制矩形框aa'b'b，其中aa'=bb'= CL × 2，ab= a'b'=B/4。对襟直领半臂为前、后衣身通裁，此为前后衣身的基础框线，其中aa'为前后身衣长，ab为半身宽。

② 袖身结构线

自aa'中点c绘制水平线cd= TXL/2=h/4。cd为袖中线。

自d点绘制袖中线的垂直线de=CW。de为袖口线。

③ 下摆线

自a点向右量取XB/2=11B/40确定f点，绘制水平线，再垂直向上量取侧边起翘量1.5cm（一般可为1.5~2cm），确定g点，连接ag点并将其调整为圆顺弧线。ag为右侧下摆弧线。上述步骤见上图4-4-3。

④ 左领口弧线和门襟

自c点垂直向上量取领深ND=0.3B/20，确定后领窝点BNP。

自c点水平向右量取横开领口宽的一半NW/2=（0.1B+6）/2，确定侧颈点SNP。

自a点向右量取门襟宽MJK=B/20+2cm确定门襟止点h。

连接BNP、SNP、h绘制圆顺的弧线，使其符合样板结构。为保证领口伏贴，领口线的弧线不可太弧，领线下端接近直线最好。

测量左领口弧线长并将其设定为参数a_1以备最后绘制领缘。

上述制图步骤见图4-4-4。

⑤ 基础袖底缝线和基础衣身侧缝线

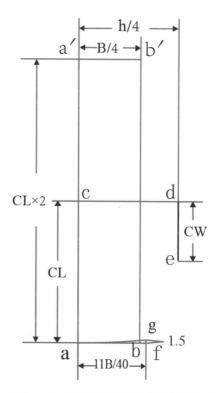

图4-4-3　对襟直领半臂结构制图步骤①~③

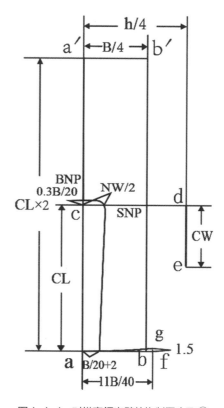

图4-4-4　对襟直领半臂结构制图步骤④

自c点沿袖中线量取半肩宽SW/2=B/4，确定点k。

自k点向下量取袖肥AW=B/4,确定q点，kq为袖肥线。

连接袖肥线端点q和袖口端点e绘制直线qe,即为基础袖底线。

连接袖肥线端点q及右下摆端点g绘制基础直线qg，qg即为基础衣身侧缝线。

⑥ 衣身袖底侧缝线

绘制qe和qg的右下方的角平分线qo，qo=4cm（一般可为4~8cm），确定点o。

使用加圆角工具对qe和qg以qo=4cm为参考加圆角。

连接点e、o、g，并根据eom以及mg的形态绘制出一条圆顺的曲线eog，即为衣身袖底侧缝线。

⑦ 后衣身对称结构线

将前衣身、袖结构线以cd为对称轴对称为后衣身结构线。见图4-4-5。

⑧ 领缘与袖缘

绘制一个长为领口弧线长$a_1 \times 2$，宽为NR的矩形框为领缘结构图。为保证领缘伏贴，衣身领口线在左右前胸处各缝缩1cm。

至此，对襟直领半臂的结构图绘制完成。

见图4-4-6。

（5）样片图

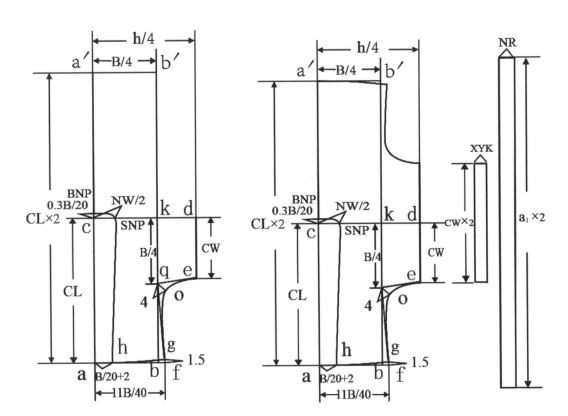

图4-4-5　对襟直领半臂结构制图步骤⑤~⑦　　　图4-4-6　对襟直领半臂结构制图步骤⑧

后期以衣身肩线，前后中线为分割线提取样片为衣身样片、袖身样片、领缘。对称领缘样片后放置缝份为1cm，其中衣身下摆缝份为3cm。对襟直领半臂样片放缝图见图4-4-7。

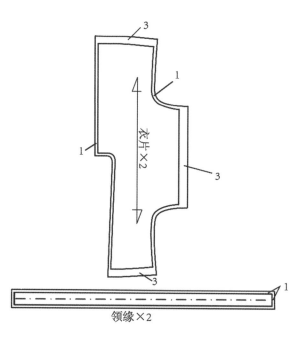

图4-4-7 对襟直领半臂样片图

三、样衣

样衣展示如图4-4-8所示。

图4-4-8 样衣展示

第五节 褙子

褙子流行于宋朝，款式简单修长，褙子与对襟上衣结构类似，可看作为其衣长加长款，褙子一般作为常服外套穿着，较多与抹胸、齐腰下裙搭配，也可内搭交领右衽上襦。

一、结构尺寸

褙子的主要测量部位为衣长、胸围、通袖长、½袖口、横开领口宽、后领口深、领缘宽、袖肥、半肩宽、肩线长、下摆宽、门襟宽。其部位测量位置见下图4-5-1。

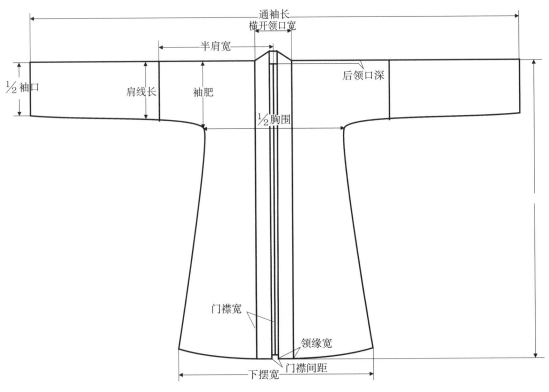

图4-5-1 褙子规格部位名称

对褙子进行数据分析，同样收集清晰平面图，利用CorelDraw X6绘制其轮廓线及结构线并调整其通袖长为170cm。在此基础上测量获得14款褙子细部尺寸，并进行数据分析得到褙子的基本尺寸，见表4-5-1。

表4-5-1 褙子基本款数据分析

单位：cm

部位名称	部位简写	尺寸区间	回归公式
衣长	CL	94~108	CL
通袖长	TXL	170	TXL
$\frac{1}{2}$胸围	B/2	44~52	B/2
横开领口宽	NW	12~18	NW=B/10+x
后领口深	ND	0~1.5	ND=0.3B/20+x
领缘宽	NR	4~8	NR=CW/4+x
袖肥	AW	22~28	AW=B/4+x
$\frac{1}{2}$袖口宽	CW	12~15（箭袖）、17~24（筒袖）	CW
半肩宽	SW/2	35~43	SW/2=TXL/4+x
肩线长	JXC	15~20（箭袖）、23~25（筒袖）	JXC= B/5+x
下摆宽	XB	50~65（H型）	XB=11B/20+x
门襟间距	MJ	5~8	MJ

注：x为调整数，可用于适当调整为整数设置，或为各部位依据款式特别放大或缩小而设置。

本文研究的褙子袖口采用卷边缝，而不设置袖缘，因此将袖缘宽设定为0，袖型采用较贴体的筒袖。领型为对襟直领，其门襟之间有间距，通过数据分析将间距设为7cm。

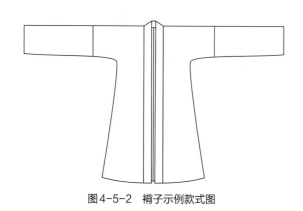

图4-5-2 褙子示例款式图

二、制图方法

（1）款式图

见图4-5-2。

（2）款式分析

衣身：后中破缝、H型；领子：对襟直领；袖子：筒袖；下摆：微宽，水平下摆。

（3）规格设计

褙子的款式结构较为简单，其可以看作为对襟直领上衣加长衣长。褙子基本款式分析及基本尺寸见下表4-5-2。

表4-5-2 褙子基本款式分析及基本尺寸

单位：cm

部位名称（简写）	参考尺寸	回归公式	部位名称（简写）	参考尺寸	回归公式
衣长（CL）	105	CL	$\frac{1}{2}$袖口（CW）	20	CW
通袖长（TXL）	170	TXL	袖缘宽（XYK）	0	0
$\frac{1}{2}$胸围（B/2）	50	B/2	半肩宽（SW/2）	42.5	TXL/4
横开领口宽（NW）	15	B/10+5	肩线长（JXC）	23	B/5+3
后领口深（ND）	1.5	0.3B/20	下摆宽（XB）	55	11B/20
领缘宽（NR）	6	CW/4+1	门襟宽（MJK）	7	B/20+2
袖肥（AW）	24	B/4−1	–	–	–

注：示例款号型为160/84A。

（4）制图步骤

褙子的结构绘制方法与对襟上衣完全一样，可对照参考。

① 衣身基础结构线

绘制矩形框aa'b'b，其中aa'= bb'=CL×2，ab= a'b'= B/4。褙子为前、后衣身通裁，此为前后衣身的基础框线，其中aa'为前后身衣长，ab为半身宽。

② 袖身结构线

自aa'中点c绘制水平线cd= TXL / 2。cd为袖中线。

自d点向下绘制竖直线de=CW。de为袖口线。

③ 下摆

自a点向右绘制水平线af= XB/2=11B/40。af为左下摆宽。

自f点向上绘制竖直线fg=2cm。fg为下摆起翘量（一般可为1.5~2cm）。

连接ag点并将其调整为圆顺的弧线。ag为右下摆弧线。

上述步骤见图4-5-3。

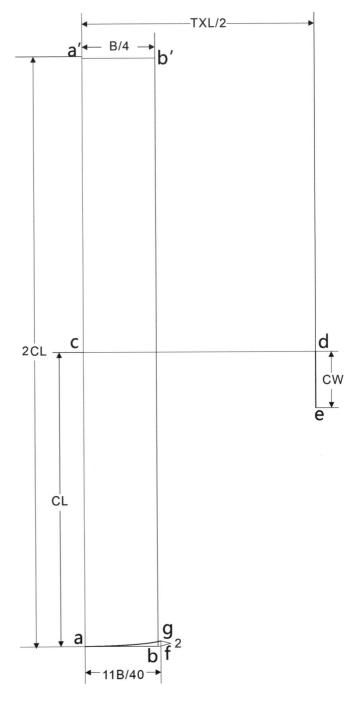

图4-5-3　褙子结构制图步骤①~③

④ 左领口弧线

从a点水平向右量取门襟宽MJK=B/20+2cm，确定h点；自c点竖直向上量取领深ND=0.3B/20=1.5cm，确定后领窝点BNP；自c点水平向右量取横开领口宽的一半即NW/2=B/20+2.5cm，确定侧颈点SNP。

连接点BNP、SNP、h绘制圆顺的弧线，使之符合人体结构。

测量左领口弧线长并将其设定为参数a_1，以备最后绘制领缘。

上述步骤见图4-5-4。

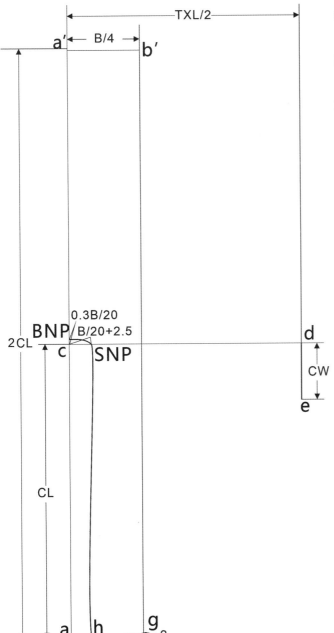

图4-5-4　褙子结构制图步骤④

⑤ 基础袖底缝线及基础衣身侧缝线

自 c 点水平向右量取袖肥宽 B/4，确定点 i；

自 i 点向下竖直量取袖肥 AW=B/4-1cm，确定点 j；

自 c 点水平向右量取半肩宽 HSW=THX/4，确定点 k；

自 k 点水平竖直向下量取肩线长 JXC=B/5+3cm，确定点 l；

连接袖肥线端点 j、肩宽线端点 l 和袖口端点 e 绘制基础袖底线，连接袖肥线端点 j 及右下摆端点 g 绘制基础衣身侧缝线。

⑥ 衣身袖底侧缝线

绘制 jle 与 jg 向右下方的角平分线 jm，jm=6cm（一般可为 4~8cm），以确定点 m。

使用加圆角工具对 jl 与 jg 以 6cm 为半径加圆角。

连接点 e、l、m、g，根据基础袖底线 elj 以及 jg 绘制圆顺的曲线 elmg 为衣身袖底侧缝线。

⑦ 对称结构线

将前衣身、衣袖结构线以袖中线 cd 为对称轴对称为后衣身结构线。

上述步骤见图 4-5-5。

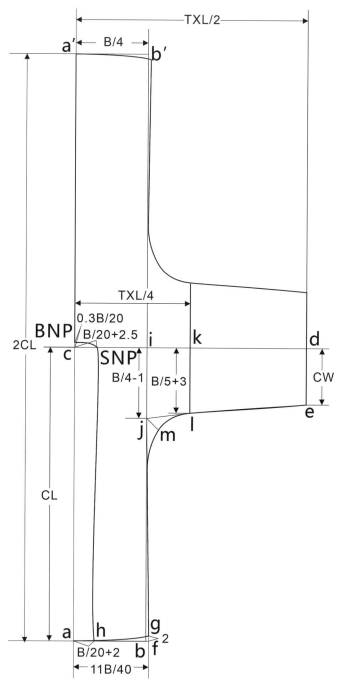

图4-5-5 褙子结构制图步骤⑤~⑦

⑧ 领缘

绘制矩形框nn'o'o，其中nn'=oo'=a_1×2-2cm，no=n'o'= NR=CW/4+1cm。此为领缘结构图。其中nn'为领口弧线长，为保证领缘伏贴，衣身领口线在左右前胸处各缝缩1cm；no为领缘宽。

至此，褾子的结构图绘制完成，见图4-5-6。

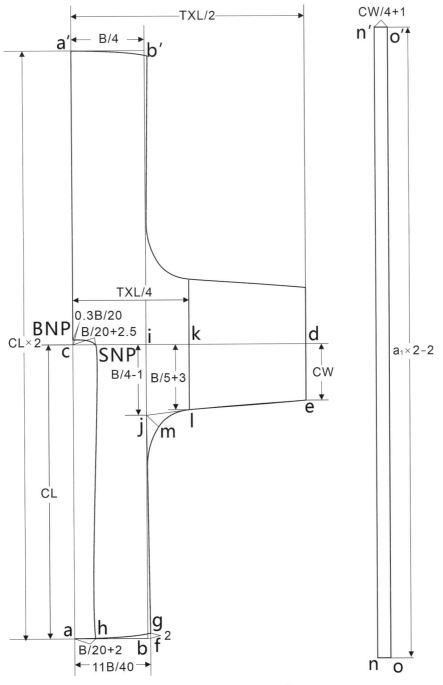

图4-5-6 褾子结构制图步骤⑧

（5）样片图

褙子的样片提取及放置缝份与交领右衽上襦类似。以衣身肩线，前后中线为分割线提取样片为衣身样片、袖身样片、领缘。对称领缘样片后放置缝份为1cm，其中衣身下摆缝份为3cm。其样片放缝图见图4-5-7。

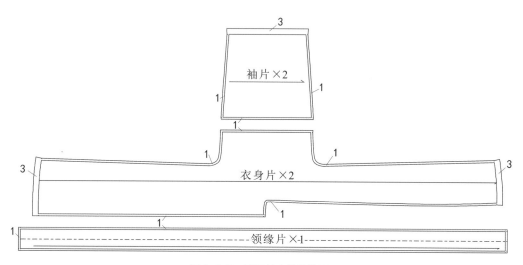

图4-5-7　褙子基本款放缝图

三、样衣

样衣效果如图4-5-8所示。

图4-5-8　样衣展示

第六节 大袖衫

大袖衫可看作为对襟上衣衣长加长，袖型换为大袖。大袖衫作为现代汉服主要是外搭穿着，最多的是搭配齐胸襦裙或内搭交领右衽上襦与齐腰下裙。宽大的袖子以及较长的衣身，选用的面料也较为华丽，使其一般作为礼服外套。礼服制的汉服通袖长一般较长，综合考虑现代人的穿着活动方便的需求，将其通袖长设定为170cm。

一、结构尺寸

大袖衫的主要测量部位为衣长、胸围、通袖长、½袖口、横开领口宽、后领口深、领缘宽、袖肥、半肩宽、肩线长、下摆宽、门襟宽、门襟间距。其部位测量位置见图4-6-1。

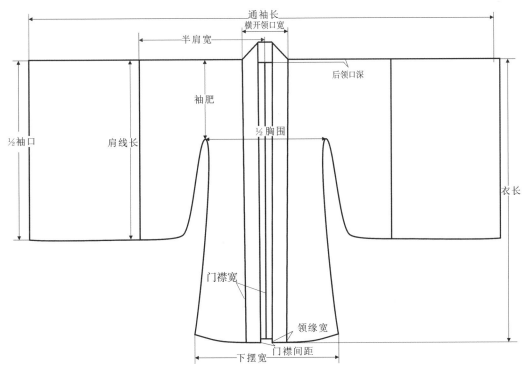

图4-6-1 大袖衫部位名称

对大袖衫进行数据分析，同样收集清晰平面图，利用CorelDraw X6绘制其轮廓线及结构线并调整其通袖长为170cm。在此基础上测量获得14款大袖衫细部尺寸，并进行数据分析得到大袖衫的基本尺寸，见表4-6-1。

单位：cm

部位尺寸	部位简写	尺寸区间	回归公式
衣长	CL	103~112（中长）　120~136（长款）　145~152（超长）	CL
通袖长	TXL	170	TXL
$\frac{1}{2}$胸围	B/2	44~63	1/2B
横开领口宽	NW	13~20	NW=B/10+x
后领口深	ND	0~1.5	ND=0.3B/20+x
领缘宽	NR	3~8	NR=CW/15+x
袖肥	AW	25~35（较贴身）、36~40（较宽松）	AW=B/4+x
$\frac{1}{2}$袖口	CW	40~45（宽袖）、65~75（大袖） 80~90（广袖）、95~112（超广袖）	CW
袖缘宽	XYK	4~6	XYK=CW/15+x
半肩宽	SB/2	40~60	SW/2=TXL/4+x
肩线长	JXC	40~45（宽袖）、65~72（大袖） 80~90（广袖）、95~105（超广袖）	JXC=CW-x
下摆宽	XB	52~65（H型）、70~75（小A）、95~112（A型）	XB=11B/20+x
门襟间距	MJ	5~8	MJ

注：x为调整数，可用于适当调整为整数设置，或为各部位依据款式特别放大或缩小而设置。

通过上表可以得出大袖衫基本款尺寸及其回归关系。要说明的是，其中半肩宽尺寸与交领右衽上襦一致，考虑到分割的美观性，将其设定为40cm。大袖衫可根据袖口宽将袖型分类：宽袖（袖口宽40~45cm），大袖（袖口宽65~75cm），广袖（袖口宽80~90cm），超广袖（袖口宽100~120cm）。

二、制图方法

（1）款式图

见图4-6-2）。

（2）款式分析

衣身：后中破缝、H型；领子：对襟直领（有偏门襟）；袖子：大袖；下摆：微宽，水平下摆。

（3）规格设计

见表4-6-2。

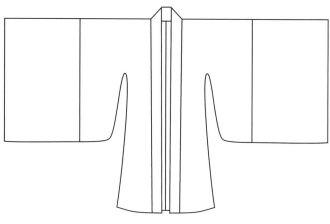

图4-6-2　大袖衫示例款式图

表4-6-2　大袖衫基本款式分析及基本尺寸

单位：cm

部位名称（简写）	参考尺寸	回归公式	部位名称（简写）	参考尺寸	回归公式
衣长（CL）	120	CL	½ 袖口（CW）	70	CW
通袖长（TXL）	170	TXL	袖缘宽（XYK）	5	CW/15+0.34
½ 胸围（B/2）	60	B/2	半肩宽（HSW）	40	TXL/4
横开领口宽（NW）	16	B/10+4	肩线长（JXC）	65	CW−5
后领口深（ND）	1.8	0.3B/20	下摆宽（XB）	65	11B/20−1
领缘宽（NR）	5	CW/15+0.34	门襟宽（MJK）	7	B/20+1
袖肥（AW）	30	B/4	—	—	—

注：示例款号型为160/84A。

（4）制图步骤

大袖衫的衣身结构图绘制方法可参考交领右衽上襦，因其袖型、领型仍有较大区别，以下总结大袖衫结构绘制方法如下。

① 绘制基础结构线

绘制矩形框aa'b'b，其中aa'=bb'=CL×2，ab=a'b'=B/4。大袖衫为前、后衣身通裁，此为前后衣身的基础框线，其中aa'为前后身衣长，ab为半身宽。

② 袖身结构线

自aa'中点c绘制水平线cd=TXL/2。cd为袖中线。

自d点向下绘制竖直线de=CW。de为袖口线。

③ 下摆

自a点向右绘制水平线af=XB/2=11B/40-0.5cm。af为左下摆宽。

自f点向上绘制竖直线fg=2cm。fg为下摆起翘量（一般可为1.5~2cm）。

连接ag点并将其调整为圆顺的弧线。ag为右下摆弧线。

上述步骤见图4-6-3。

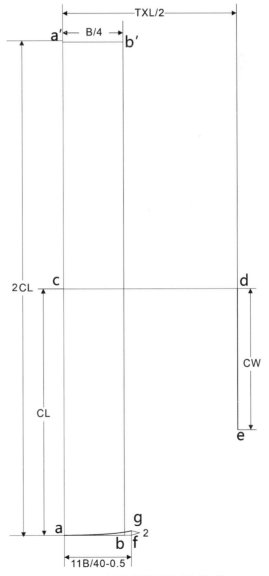

图4-6-3　大袖衫结构制图步骤①~③

④ 左领口弧线

从a点水平向右量取门襟宽MJK=B/20+1cm，确定h点；自c点竖直向上量取领深ND=1.8=0.3B/20，确定后领窝点BNP；自c点水平向右量取横开领口宽的一半即NW/2=B/20+2cm，确定侧颈点SNP。

连接点BNP、SNP、h绘制圆顺的弧线，使之符合人体结构。

测量左领口弧线长并将其设定为参数a_1，以备最后绘制领缘。

上述步骤见图4-6-4。

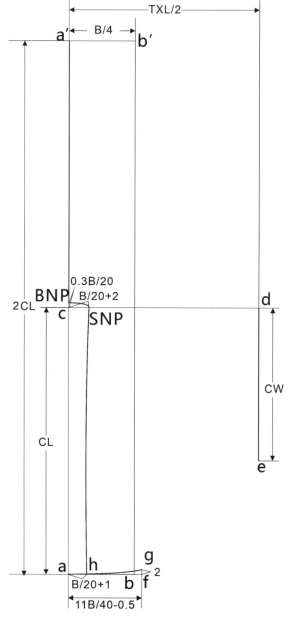

图4-6-4　大袖衫结构制图步骤④

⑤ 基础袖底缝线及基础衣身侧缝线

自c点水平向右量取袖肥宽B/4，确定点i；自i点向下竖直量取袖肥AW=B/4，确定点j；自c点水平向右量取半肩宽HSW=THX/4，确定点k；自k点水平竖直向下量取肩线长JXC=CW-5cm，确定点l；连接袖肥线端点j、肩宽线端点l和袖口端点e绘制基础袖底线，连接袖肥线端点j及右下摆端点g绘制基础衣身侧缝线。

⑥ 衣身袖底侧缝线

绘制jl与jg向右下方的角平分线jm，jm=6cm（一般可为4~8cm），以确定点m。

使用圆角工具对jle与jg以6cm为半径加圆角。

连接点e、l、m、g，根据基础袖底线elj以及jg绘制圆顺的曲线elmg为衣身袖底侧缝线。注意袖圆角因缝制工艺需求其半径最好不小于1cm，本款将其设定为2cm。

⑦ 对称结构线

将前衣身、衣袖结构线以袖中线cd为对称轴对称为后衣身结构线。

上述步骤见图4-6-5。

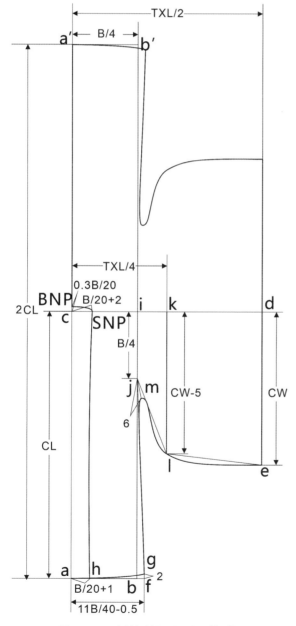

图4-6-5 大袖衫结构制图步骤⑤~⑦

⑧ 领缘

绘制矩形框nn'o'o，其中nn'=oo'=$a_1 \times 2$-2cm，no= n'o'=NR=CW/15+0.34cm。此为领缘结构图。其中nn'为领口弧线长，为保证领缘伏贴，衣身领口线在左右前胸处各缝缩1cm；no为领缘宽。

至此，大袖衫的结构图绘制完成，见图4-6-6。

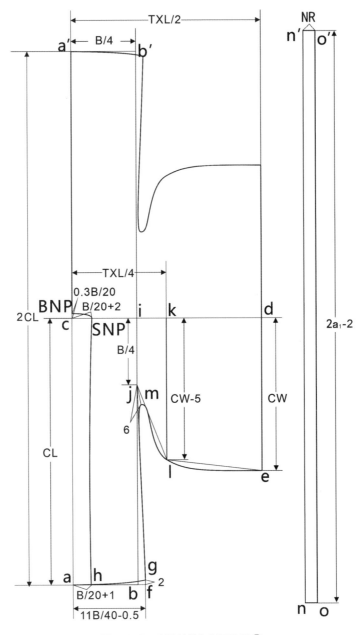

图4-6-6　大袖衫结构制图步骤⑧

（5）样片图

　　大袖衫的样片提取及放置缝份与交领右衽上襦类似。以衣身肩线，前后中线为分割线提取样片为衣身样片、袖身样片、领缘。对称领缘样片后放置缝份为1cm，其中衣身下摆缝份为3cm。其样片放缝图见图4-6-7。

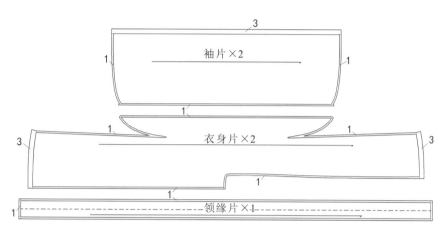

图4-6-7　大袖衫基本款放缝图

三、样衣

　　样衣展示如图4-6-8所示。

图4-6-8　样衣展示

第七节　夹袄

夹袄被认为是在明朝时期开始流行的服装，一般内做夹层。古代汉服中夹袄一般衣长较短，袖型以琵琶袖为主，由于在古代多为夹袄来穿着，为换洗方便，其领型多为在领缘上适当位置添加护领衣缘，而"现代汉服"中夹袄很少做夹层，护领也以装饰存在。其最多是作为常服外套内搭中衣及马面裙穿着，多为淡雅色调，穿着显得小家碧玉、从容优雅。

一、结构尺寸

夹袄的主要测量部位为衣长、胸围、通袖长、½袖口、横开领口宽、后领口深、领缘宽、护领宽、袖肥、袖缘宽、半肩宽、肩线长、琵琶袖口宽、琵琶袖长、下摆宽、门襟宽。其部位测量位置见图4-7-1。

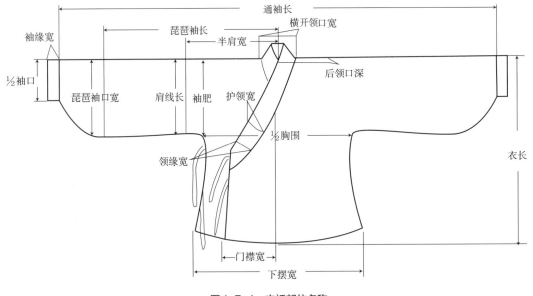

图4-7-1　夹袄部位名称

对夹袄进行数据分析，同样收集清晰平面图，利用CorelDRAW X6绘制其轮廓线及结构线并调整其通袖长为160cm。在此基础上测量获得23款夹袄细部尺寸，并通过平均值、中值等数据分析方法进行数据分析，结合夹袄的款式结构特点及人体体型特征得到夹袄的基本尺寸，见表4-7-1。

表4-7-1 夹袄基本款数据分析

单位：cm

部位名称	部位简写	尺寸区间	回归公式	尺寸
衣长	CL	50~65	CL	60
通袖长	TXL	160	TXL	160
½ 胸围	B/2	40~55	B/2	50
横开领口宽	NW	13~18	NW=B/10+x	15
后领口深	ND	0~1.5	ND=0.3B/20+x	1.5
领缘宽	NR	4~8	NR=CW/2+x	6
护领宽	HLK	3~7	HLK=CW/4−x	4.5
护领长	HLC	16~34	HLC=B/4+x	28
袖肥	AW	18~28	AW=B/4+x	25
½ 袖口	CW	9~17	CW	13
袖缘宽	XYK	2~5	XYK=CW/3+x	3.5
半肩宽	HSW	30~45	HSW=TXL/4+x	40
肩线长	JXC	20~30	JXC= B/4+x	26
琵琶袖口宽	PPK	60~78	PPK= TX/2−x	70
琵琶袖口长	PPC	25~35	PPK=B/3+x	30
下摆宽	XB	45~65	XB=11B/20+x	55
门襟宽	MJK	17~28	MJK=B/50+x	22
门襟高	MJG	18~26	MJG=CL/3+x	24

注：x为调整数，可用于适当调整为整数设置，或为各部位依据款式特别放大或缩小而设置。

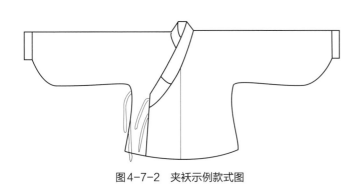

图4-7-2 夹袄示例款式图

二、制图方法

（1）款式图

见图4-7-2。

（2）款式分析

衣身：后中破缝、小A型；领子：交领右衽（半门襟）；袖子：箭袖；下摆：微宽水平下摆。

（3）规格设计

见表4-7-2。

表4-7-2 夹袄示例规格尺寸

单位：cm

部位名称（简写）	参考尺寸	回归公式	部位名称（简写）	参考尺寸	回归公式
衣长（CL）	60	CL	½ 袖口（CW）	13	CW
½ 胸围（B/2）	50	B/2	袖缘宽（XYK）	3.5	CW/3−0.8
通袖长（TXL）	160	XL	半肩宽（HSW）	40	TXL/4
横开领口宽（NW）	15	0.1B+5	肩线长（JXC）	26	B/4+1
后领口深（ND）	1.5	0.3B/20	琵琶袖口长（PPC）	70	TXL/2−10
领缘宽（NR）	6	CW/2−0.5	琵琶袖口宽（PPK）	30	B/3−3.3
护领宽（HLK）	4.5	CW/3+0.2	下摆宽（XB）	55	11B/20
护领长（HLC）	28	B/4+3	门襟宽（MJK）	22	B/5+2
袖肥（AW）	25	B/4	门襟高（MJG）	24	CL/3

注：示例款号型为160/84A 。

（4）制图步骤

① 衣身基础结构线

绘制基础结构线：交领右衽上襦为前、后衣身通裁，首先绘制长为CL×2、宽为B/4的矩形框aa'b'b。

② 袖身结构线

自aa'中点c绘制水平线cd=TXL/2。cd为袖中线。

自d点向下绘制竖直线de=CW。de为袖口线。

③ 下摆与门襟

自a点向右绘制水平线af= XB/2=11B/40。af为左下摆宽。

自f点向上绘制竖直线fg=2cm。fg为下摆起翘量（一般可为1.5~2cm）。

连接ag点并将其调整为圆顺的弧线。ag为右下摆弧线。

从a点向左量取ah=MJK=（B/5+2）=22cm，ah为门襟宽。

将右侧下摆线沿前中对称到左侧交点确定为点i，自h点向上绘制竖直线hk=MJG=CL/3+2.4cm，hk为左门襟高。

自k点向右量取1.5cm确定l点，连接l点及i点确定右侧贴边线li。

上述步骤见图4-7-3。

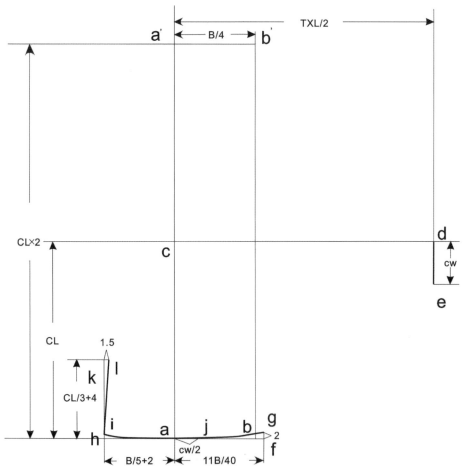

图4-7-3　夹袄基本款结构制图步骤①~③

④ 左领口弧线

自c点竖直向上量取后领口深ND=0.3B/20，确定后领窝点BNP；自c点水平向右量取横开领口宽的一半，即NW/2=（0.1B+5）/2，确定侧颈点SNP；自c点竖直向下量取CL/4，确定前领窝点FNP。

连接点BNP、SNP、FNP、1绘制圆顺的弧线，使之符合人体结构，即为左领口线。为保证领口伏贴，前领口线不可过弧，弧线下端最好接近直线。测量左领口线长并将其设定为参数a_1，以备后续领缘的绘制。

⑤ 右领口弧线

以将左领口线以aa'为对称轴对称为右领口弧线。

自a点水平向右绘制直线aj=CW/2=6.5cm。aj为右侧门襟宽，为节省面料右侧门襟宽短于左侧门襟。

自j点向上绘制竖直线jm，jm为右门襟。jm与右领口弧线交与m点，BNP点至m点之间的弧线为右领口线。测量右领口线长并将其设定为参数b_1，以备后续领缘的绘制。上述步骤见图4-7-4。

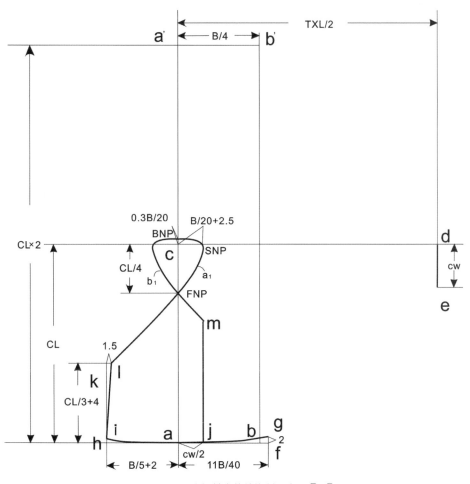

图4-7-4　夹袄基本款结构制图步骤④~⑤

⑥ 基础袖底缝线及基础衣身侧缝线

自c点水平向右量取袖肥宽B/4，确定点n。

自n点向下绘制竖直线np为袖肥线，np=AW=B/4。

自c点水平向右量取肩线宽HSW=TXL/4，确定点q。

自q点向下绘制竖直线qr =B/4+1cm，qr为肩线。

自c为起点沿袖中线量琵琶袖口长PPC=TXL/2-10cm=70cm，确定点s，再向下量取琵琶袖口宽PPK=B/3-3.3cm=30cm确定t点，连接袖肥线端点p、肩宽线端点r、琵琶袖端点t和袖口端点e绘制圆顺的曲线prte。prte为基础袖底线。

连接袖肥线端点p及左下摆端点g绘制直线pg。pg为基础衣身侧缝线。

⑦ 衣身袖底侧缝线

以pr及基础衣身侧缝线pg的角平分线长度为5cm（一般可为4~8cm）确定点o。

使用加圆角工具对两条线以角平分线长度5cm为参考加圆角，最后在所绘制的圆角，基础袖底线及基础侧缝线的基础上，连接基础关键点etrog绘制出一条圆顺的衣身袖底侧缝线。

⑧ 对称结构线

将前衣身、衣袖结构线以袖中线cd为对称轴对称为后衣身结构线。

上述步骤见图4-7-5。

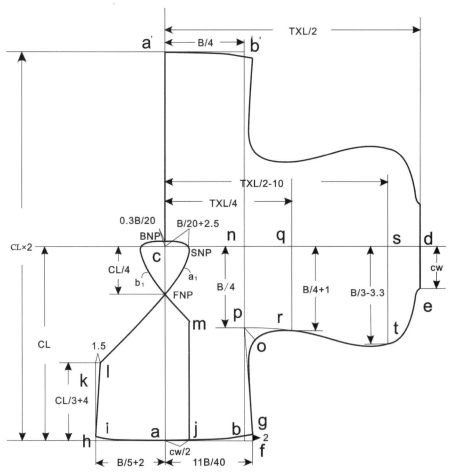

图4-7-5 夹袄基本款结构制图步骤⑥~⑧

⑨ 领缘及袖缘

绘制一个长为领口弧线长＝a_1+b_1-2cm（为保证领缘伏贴，衣身领口线在左右前胸处各缝缩1cm）、宽为领缘宽NR=CW/2-0.5cm的矩形框，为领缘结构图。

绘制一个长为袖口宽CW×2、宽为袖缘宽XYK=CW/3-0.8cm=3.5cm的矩形框，为袖缘结构图。

至此，夹袄结构图绘制完成。上述步骤见图4-7-6。

夹袄基本款结构图，见图4-7-6。

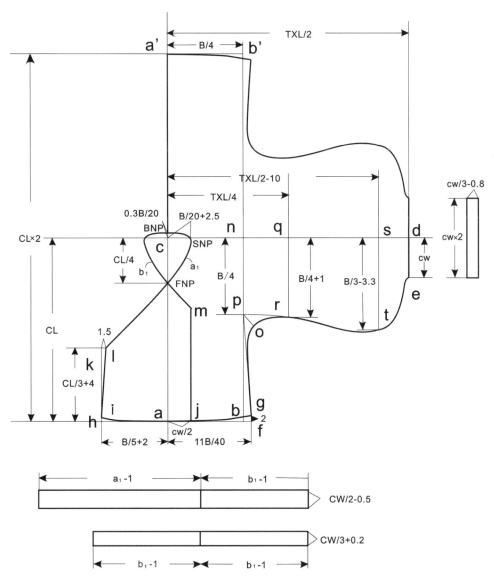

图4-7-6　夹袄基本款结构制图步骤⑨

（5）样片图

以衣身肩线，前后中线为分割线提取样片为衣身样片、袖身样片、左右门襟样片、袖缘、领缘。对称袖缘、领缘样片后放置缝份为1cm，其中衣身下摆缝份为3cm。夹袄基本款放缝图，见图4-7-7。

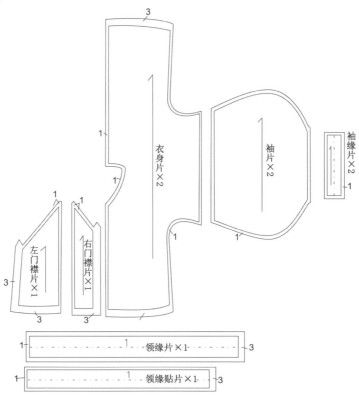

图4-7-7　夹袄基本款放缝图

三、样衣

样衣展示如图4-7-8所示。

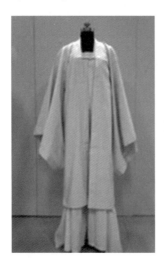

图4-7-8　样衣展示

第八节　比甲

比甲在历史上出现较早，从戎服中演变而来，至明朝最为盛行，现代被认为明制汉服代表款式，比甲款式特征明确，无袖，领型多为方领对襟直领，前中采用纽扣闭合。较为宽松，一般内搭交领右衽上襦、马面裙或齐腰襦裙。现代汉服中比甲设计越来越合体，甚至有部分比甲出现腰省，然而，作为汉服最好要传承平面结构，因此，本文比甲未设腰省。

一、结构尺寸

比甲的主要规格尺寸包括衣长、胸围、横开领口宽、后领口深、前领口深、前领口深上口、前领宽上口、领缘宽、肩宽、下摆宽、门襟宽、第一纽扣位、最后一纽扣位。其部位测量位置见图4-8-1。

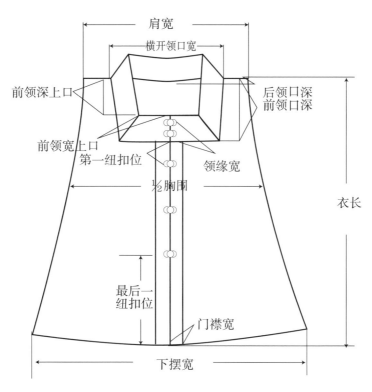

图4-8-1　比甲规格部位名称

进行数据分析，同样收集清晰平面图，利用CorelDraw X6绘制其轮廓线及结构线并绘制完成。在此基础上测量获得16款比甲细部尺寸，并进行数据分析得到比甲的基本尺寸，见表4-8-1。

表4-8-1　比甲基本款数据分析

单位：cm

部位名称	部位简写	尺寸区间	回归公式
衣长	CL	54~75	CL
1/2 胸围	B/2	40~55	B/2
横开领口宽	NW	16~27	NW−3B/10+x
后领口深	ND	0.75~2	ND=0.3B/20+x
前领口深	FND	9~14	FND=CL/5+x
前领宽	FNW	7~13	FNW=B/10+x
前领口深上口	UFND	7~12	UFND=CL/5−4+x
前领宽上口	UFNW	4~8	UFNW=B/10−3+x
领缘宽	NR	2~5	NR=SW/9+x
肩宽	SW	38.5	SW
下摆宽	XB	60~75	XB=11B/20+x
门襟宽	MJK	1.5~4.5	MJK=B/50+x
第一纽扣位	FB	6~12	FB=CL/10+x
最后一纽扣位	LB	18~26	LB=CL/3+x

注：x为调整数，可用于适当调整为整数设置，或为各部位依据款式特别放大或缩小而设置。

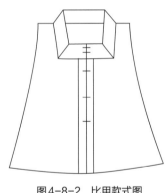

图4-8-2　比甲款式图

二、制图方法

（1）款式图

见图4-8-2。

（2）款式分析

衣身：后中破缝、小A型；领子：对襟直领；袖子：无袖；下摆：微宽，水平下摆。

（3）规格设计

见表4-8-2。

表4-8-2　比甲基本款式分析及基本尺寸

单位：cm

部位名称（简写）	参考尺寸	回归公式	部位名称（简写）	参考尺寸	回归公式
衣长(CL)	60	CL	前领宽上口(UFNW)	6	B/10−4
1/2 胸围(B/2)	50	B/2	领缘宽(NR)	4	SW/9+0.27
横开领口宽(NW)	22	3B/10−8	肩宽(SW)	38.5	SW
后领口深(ND)	1.5	0.3B/20	下摆宽(XB)	60	11B/20+5
前领口深(FND)	12	CL/5	门襟宽(MJK)	3	B/50+1
前领宽(FNW)	9	B/10−1	第一纽扣位(FB)	7	CL/10+1
前领口深上口(UFND)	8	CL/5−4	最后一纽扣位(LB)	23	CL/3+3

注：示例款号型为160/84A。

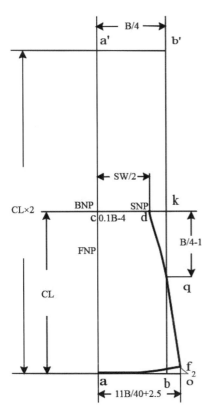

图4-8-3 比甲结构制图步骤①~③

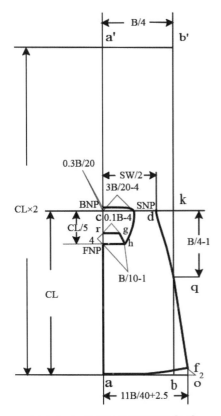

图4-8-4 比甲结构制图步骤④~⑥

（4）制图步骤

① 衣身基础结构线

绘制矩形框aa'b'b，其中aa'=bb'= CL×2，ab= a'b'= B/4。比甲为前、后衣身通裁，此为前后衣身的基础框线，其中aa'为前后身衣长，ab为半身宽。

② 下摆线

自a点向右绘制水平线ao=XB/2=（11B/20+5）/2。ao为左下摆宽。

自o点向上绘制竖直线of=2cm。of为下摆起翘量（一般可为1.5~2cm）。

连接af点并将其调整为圆顺的弧线。af为右下摆弧线。

③ 右侧侧缝线

自aa'的中点c水平向右量取肩宽的一半SW/2，确定肩点d，cd=SW/2。

延长cd与bb'交至点k，自k点向下绘制直线kq=AW=（B/4-1），kq为袖肥线。连接点dqf并调整曲线，即为侧缝线见下图4-8-3。

④ 绘制左领口弧线

自c点竖直向上量取后领口深ND=0.3B/20，确定后领窝点BNP；

自c点水平向右量取横开领口宽的一半NW/2=（0.3B-8）/2，确定侧颈点SNP；

自c点竖直向下量取CL/5，确定前领窝点FNP；以自FNP点向右量取前领窝宽FNW= B/10-1cm确定前领窝宽点h。

连接点BNP、SNP、h、FNP绘制圆顺的弧线，使之符合人体结构，即为左领口线。为保证领口伏贴，前领口线不可过弧，弧线下端最好接近直线。

测量左领口线长并将其设定为参数a_1，以备后续领缘的绘制。

⑤ 前领窝线

连接FNP和点h，绘制前领窝前线。

⑥ 前领窝贴边

自c点向下量取前领口深上口UFND=CL/5-4cm确定前领窝上口点r。

自r点向右量取前领宽上口UFNW=B/10-4cm确定前领窝上口宽点g，连接点r与点g，连接点g与点h。

见图4-8-4。

⑦ 对称结构线

将前衣身袖底线、下摆线以袖中线cd为对称轴对称为后衣身结构线。

⑧ 门襟与纽扣

自FNP点向右量取门襟宽MJK=B/50+1cm，确定门襟贴片宽度；第一纽扣位FB距前领口深CL/10+1cm，最后一纽扣位LB距下摆CL/3+3cm，相应确定各个纽位。

见下图4-8-5。

⑨ 领缘

制矩形框mnm'n'，其中mm'=nn'=$a_1 \times 2$-2cm，mn=m'n'=NR=SW/9+0.27cm。此为领缘结构图。其中mm'为领口弧线长，为保证领缘伏贴，衣身领口线在左右前胸处各缝缩1cm；NR为领缘宽。

至此，比甲的结构图绘制完成。见图4-8-6。

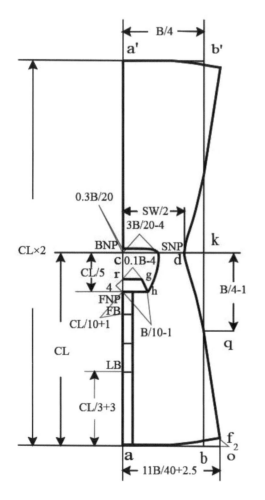

图4-8-5　比甲结构制图步骤⑦~⑧

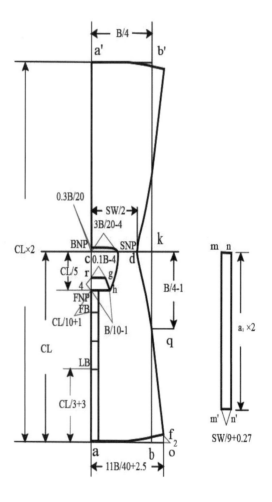

图4-8-6　比甲结构制图步骤⑨

（5）样片图

后期以衣身肩线，前后中线为分割线提取样片为衣身样片、袖身样片、门襟样片、领缘。对称领缘样片后放置缝份为1cm，其中衣身下摆缝份为3cm。比甲样片放缝图见图4-8-7。

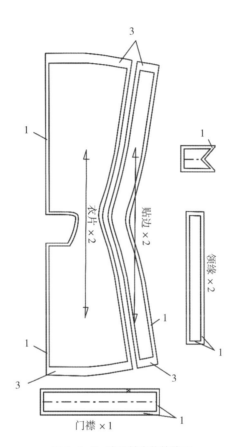

图4-8-7　比甲基本款放缝图

三、样衣

样衣展示如下图4-8-8所示。

图4-8-8　样衣展示

第九节 圆领袍

圆领袍于唐朝作为官服而流行，领型为圆形盘领，被现代汉服命名为圆领袍，袖型一般采用箭袖或筒袖，一般内搭中衣及裤或齐腰下裙穿着。圆领袍通身一色，款式简洁大方，搭配其特有的皮革带，穿着利落洒脱，受到众多同袍的喜爱。

一、结构尺寸

圆领袍的主要测量部位为衣长、胸围、通袖长、½袖口、横开领口宽、后领口深、前领口深、领缘宽、袖肥、半肩宽、肩线长、下摆宽、门襟上口宽、门襟下口宽。其部位测量位置见图4-9-1。

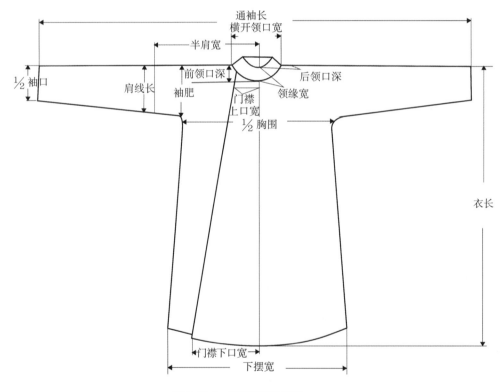

图4-9-1 圆领袍部位名称

进行数据分析，同样收集清晰平面图，利用CorelDraw X6绘制其轮廓线及结构线并调整其通袖长为160cm。在此基础上测量获得20款圆领袍细部尺寸，并进行数据分析得到圆领袍的基本尺寸，见表4-9-1。

表4-9-1　圆领袍基本款数据分析

单位：cm

部位尺寸	部位简写	尺寸区间	回归公式	参考尺寸
衣长	CL	95~138	CL	120
½胸围	B/2	38~55	B/2	50
通袖长	TXL	160	TXL	160
横开领口宽	NW	15~27	NW=2B/10+x	20
后领口深	ND	0~1.5	ND=0.3B/20+x	1.5
前领口深	FND	5~13	FND=CL/15+x	9
领缘宽	NR	1.5~4.8	NR=CW/5+x	3
袖肥	AW	15~26	AW=B/5+x	22
½袖口	CW	10~22	CW	15
半肩宽	HSW	32~48	HSW=TXL/4+x	40
肩线长	JXC	20~28	JXC= B/5+x	20
下摆宽	XB	52~68	XB=11B/20+x	60
门襟上口宽	MJSK	6~16	MJSK=2B/25+x	8
门襟下口宽	MJXK	16~37	MJXK=B/4+x	24

注：x为调整数，可用于适当调整为整数设置，或为各部位依据款式特别放大或缩小而设置。

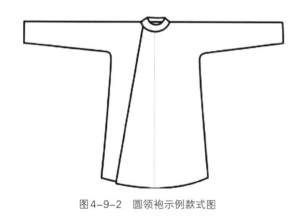

图4-9-2　圆领袍示例款式图

二、制图方法

（1）款式图

见图4-9-2。

（2）款式分析

衣身：后中破缝、小A型；领子：交领右衽圆领立领（全门襟）；袖子：箭袖；下摆微宽，水平下摆。

（3）规格设计

见表4-9-2。

表4-9-2　圆领袍示例规格尺寸

单位：cm

部位名称（简写）	参考尺寸	回归公式	部位名称（简写）	参考尺寸	回归公式
衣长（CL）	120	CL	袖肥（AW）	22	B/5+2
½胸围（B/2）	50	B/2	½袖口（CW）	15	CW
通袖长（TXL）	160	TXL	半肩宽（HSW）	40	TXL/4
横开领口宽（NW）	20	2B/10	肩线长（JXC）	20	B/5
后领口深（ND）	1.5	0.3B/20	下摆宽（XB）	60	11B/20+5
前领口深（FND）	9	CL/15+1	门襟上口宽（MJK）	8	2B/25
领缘宽（NR）	3	CW/5	门襟下口宽（MJK）	22	B/5+2

注：示例款号型为160/84A。

（4）制图步骤

① 衣身基础结构线

圆领袍为前、后衣身通裁，首先绘制长为CL×2、宽为B/4的矩形框aa'b'b。

② 袖身结构线

自aa'的中点c为起点，绘制袖中线长cd= TXL/2；绘制袖中线的垂直线de=CW。

③ 下摆与门襟

自a点向右绘制水平线af=XB/2=11B/40+2.5cm=30cm，af为左下摆宽；自f点向上绘制竖直线fg=2cm。fg为下摆起翘量（一般可为1.5~2cm）；连接ag点并圆顺下摆弧线。自a点向左量取ah=MJK=B/5+2cm=22cm，ah为门襟宽。将右下摆ag对称为左下摆，并调整h点至左下摆线上。

自c点竖直向下量取前领口深FND=CL/15+1cm=9cm，确定FNP点；自点FNP点为基准向左量取门襟上口宽=MJK=2B/25=8cm，确定点i；连接i点及h点确定右侧贴边线。

上述步骤见图4-9-3。

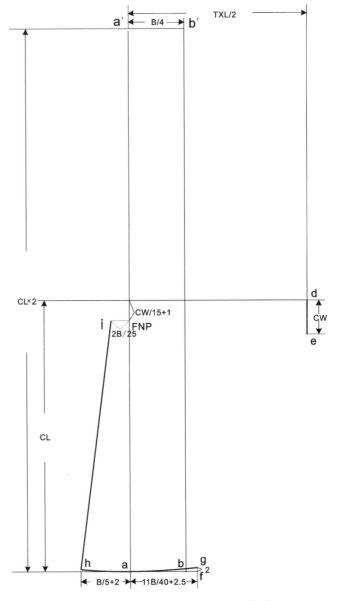

图4-9-3　圆领袍基本款结构制图步骤①~③

④ 左领口弧线

自 c 点向上量取领深 ND=0.3B/20 =1.5cm，确定后领窝点 BNP；自 c 点为向右量取横开领口宽的一半即 B/10=10cm 确定侧颈点 SNP；连接后领窝点（BNP）、侧颈点（SNP）、前领窝点（FNP）及门襟上口止点 i 绘制弧线并圆顺使其符合样板结构。

将左侧领口线沿前中对称至右侧，延长右侧贴边线，调整点 i 为其交点；另外为保证领口伏贴，领口线的弧线不可太弯，领线下端需接近直线最好。

测量左领口弧线长并将其设定为参数 a_1，右侧弧线长为 b_1 以备最后绘制领缘。

上述步骤见图 4-9-4。

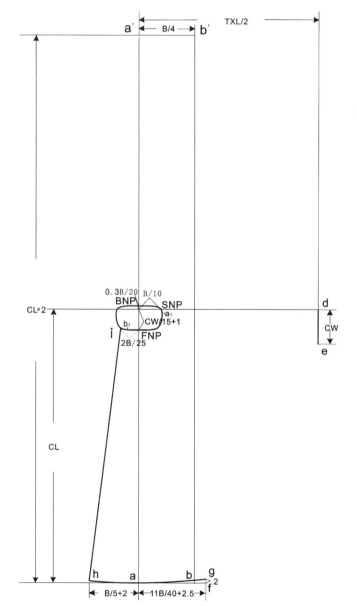

图 4-9-4　圆领袍基本款结构制图步骤④

⑤ 基础袖底缝线及基础衣身侧缝线

自c水平向右量取袖肥宽B/4确定点k；自k点向下量取袖肥AW=B/5+2cm=22cm确定j点；自c水平向右量取半肩宽HSW=40cm（TXL/4）确定点m，再向下量取肩线长JXC=B/5=20cm确定n点；连接袖肥线端点j、肩宽线端点n和袖口端点e，圆顺曲线jne，jne为基础袖底线；连接袖肥线端点j和右下摆端点g绘制直线jg，jg为基础衣身侧缝线。

⑥ 衣身袖底侧缝线

jn及jg的角平分线长度=6cm（一般可为4~8cm）确定点o；使用加圆角工具对两条线以角平分线长度6cm为参考加圆角；最后在所绘制的圆角，基础袖底线及基础侧缝线的基础上，连接基础关键点enog绘制出一条圆顺的衣身袖底侧缝线。

⑦ 对称袖底线

完成关键结构线的绘制后，将前衣身袖结构线以袖中线为对称轴对称为后衣身结构线完成圆领袍的衣身绘制。

上述步骤见图4-9-5。

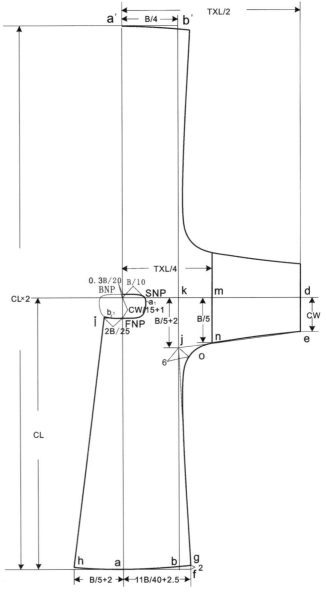

图4-9-5 圆领袍基本款结构制图步骤⑤~⑦

⑧ 交领右衽上襦的领缘及袖缘

绘制一个长为领口弧线长（a_1+b_1）×2（为保证领缘伏贴，衣身领口线在左右前胸处各缝缩1cm），宽为领缘宽NR=CW/5=3cm的矩形框为领缘结构图。上述步骤见图4-9-6。

至此，圆领袍的结构图绘制完成。

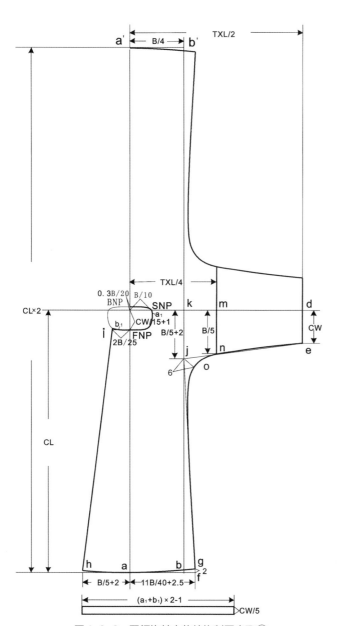

图4-9-6　圆领袍基本款结构制图步骤⑧

（5）样片图

圆领袍基本款放缝图，见图4-9-7。以衣身肩线，前后中线为分割线提取样片为衣身样片、袖身样片、左右门襟样片、领缘、对称领缘样片，后放置缝份，其中下摆，袖口缝份为3cm，其他方面为1cm。

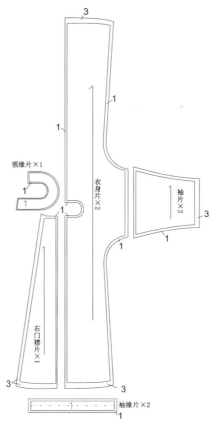

图4-9-7　圆领袍基本款放缝图

三、样衣

样衣展示如图4-9-8所示。

图4-9-8　样衣展示

第十节 短曲裾

曲裾的全称曲裾袍，又称绕襟袍，是深衣的一种，故又称曲裾深衣、绕襟深衣。曲裾袍左片衣襟接长，加长后的衣襟形成三角，经过背后，没有缝在衣上的系带，以腰带系住三角衽片的末梢来固定。这一状况可能就是古籍资料提到的"续衽钩边"。"衽"指衣襟，"续衽"即指将衣襟接长，"钩边"则是形容绕襟的样式。

一、结构尺寸

短曲裾的主要测量部位为衣长、通袖长、胸围、臀围、腰围、背长、横开领口宽、后领口深、领缘宽、门襟宽、袖肥、袖肥宽、½ 袖口、袖缘宽、半肩宽、肩线长、下摆宽、右绕曲点距腰、左绕曲点距腰、裙缘宽，见图4-10-1。

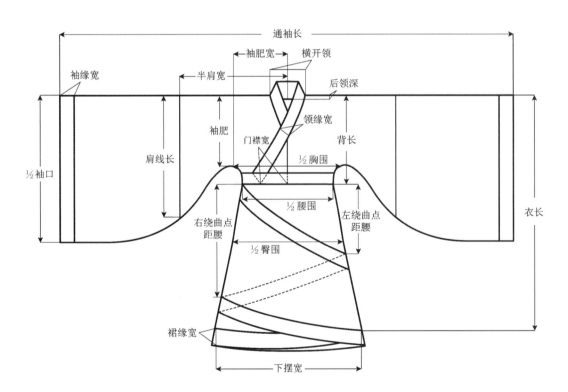

图4-10-1 短曲裾部位名称（虚线为被遮盖或背面部分）

选取13款短曲裾进行尺寸收集及数据分析，通过CorelDraw X6绘制其轮廓线及结构线，并调节通袖长为180cm，在此基础上获得其细部尺寸，并用最大值、最小值、平均值、中值等对数据进行分析得到基本款短曲裾基本尺寸及回归关系式，详见表4-10-1。

表4-10-1　短曲裾基本款数据分析

单位：cm

部位尺寸	部位简写	尺寸区间	回归公式	参考尺寸
衣长	CL	94~130	CL	100
通袖长	TXL	180	TXL	180
½ 胸围	B/2	40~62	B/2	50
½ 腰围	W/2	37~52	W/2=2B/5+x	42
背长	BL	26~44	BL=9CL/25+x	36
横开领口宽	NW	14~25	NW=B/10+x	16
后领口深	ND	0~1.5	ND=0.3B/20+x	1.5
领缘宽	NR	4~10	NR= CW/10+x	5
袖肥	AW	22~30	AW=B/4+f	25
½ 袖口	CW	40~55（宽袖） 65~75（大袖）	CW	50
袖缘宽	XYK	3~12	XYK	5
半肩宽	SW/2	66~93	SW=TXL/4+x	80
肩线长	JXC	26~60	JXC= CW−x	45
下摆宽	XB	40~75	XB=11B/20+x	60
右绕曲点距腰	YR	40~76	ZR=5TXL/18	52
左绕曲点距腰	ZR	23~45	YR=TXL/6	30
裙缘宽	QYK	2~13	QYK=CW/10	5

注：x为调整数，可用于适当调整为整数设置，或为各部位依据款式特别放大或缩小而设置。

二、制图方法

（1）款式图及裙片展开图

见图4-10-2。

（2）款式分析

衣身：后中破缝、小A型；领子：交领右衽（全门襟）；袖子：大袖；下摆：微宽，水平下摆。

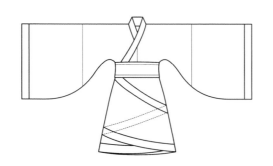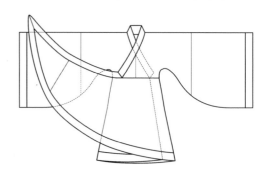

图4-10-2　短曲裾款式图及裙片展开图

（3）规格设计

见表4-10-2。

表4-10-2　短曲裾参考规格尺寸

单位：cm

部位名称（简写）	参考尺寸	回归公式	部位名称（简写）	参考尺寸	回归公式
衣长（CL）	100	CL	袖肥宽（XFK）	25	B/4
½胸围（B/2）	50	B/2	半肩宽（SW/2）	50	TXL/4+5
通袖长（TXL）	180	TXL	肩线长（JXC）	45	CW−5
½袖口宽（CW）	50	CW	½腰围（W/2）	42	2B/5+2
下摆宽（XB）	60	11B/20+5	右绕曲点距腰（YR）	52	5TXL/18+2
背长（NWL）	36	9CL/25	左绕曲点距腰（ZR）	30	TXL/6
后领口深（ND）	1.6	0.3B/20+0.1	领缘宽（NR）	5	CW/10
横开领口宽（NW）	16	B/10+6	袖缘宽（XYK）	5	CW/10
门襟宽（MJK）	13.93	W/4−ND/cos45	裙缘宽（QYK）	5	CW/10
袖肥（AW）	25	B/4	—	—	—

注：示例款号型为160/84A。

（4）制图步骤

① 衣身基础结构线

绘制矩形框aa'b'b，其中aa'=bb'=CL×2，ab=a'b'=B/4。短曲裾为前、后衣身通裁，此为前后衣身的基础框线，其中aa'为前后身衣长，ab为半身宽。

② 袖身结构线

自aa'中点c绘制水平线cd=TXL/2-XYK=TXL/2-CW/10，cd为袖中线。

自d点绘制竖直线de=CW。de为袖口线。

③ 右侧下摆线

自a点作水平线af=XB/2。将f点向上移动2cm（一般可为1.5~2cm），连接af点并圆顺下摆弧线。

④ 腰线基准线

自c点竖直向下量取NWL，确定g点。自g点绘制水平线，该线为腰线基准线。

上述步骤见图4-10-3。

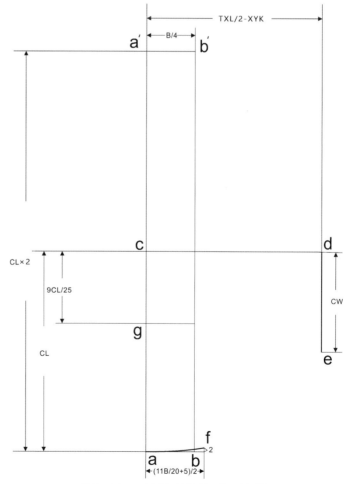

图4-10-3　短曲裾结构制图步骤①~④

⑤ 左领口弧线

从c点竖直向上量取领深ND，确定后领窝点BNP。

从c点水平向右量取NW/2，确定侧颈点SNP。

从g点水平向左量取门襟宽gh=MJK=W/4-ND/cos45°，h为门襟止点。

以圆顺弧线连接BNP、SNP及h，绘制左领口弧线使其符合人体结构。领口线的弧度不能太大，领线下端最好接近直线，以保证领口伏贴。

上述步骤见图4-10-4。

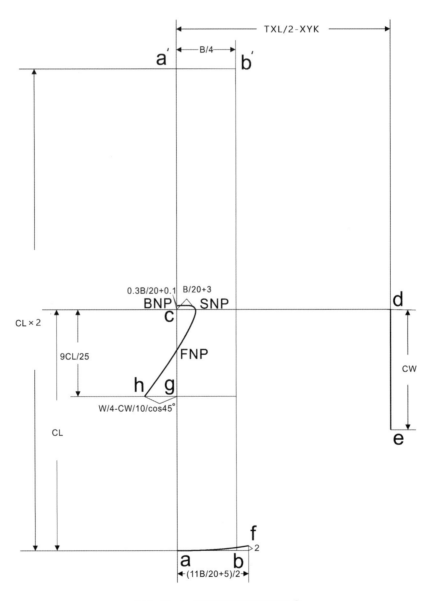

图4-10-4　短曲裾结构制图步骤⑤

⑥ 基础袖底缝线

自c点水平向右量取袖肥宽B/4，确定点k。

自k点竖直向下量取袖肥AW=B/4，确定i点.

自c点水平向右量取半肩宽SW/2=TXL/4+5cm，确定点m。

自m点竖直向下量取肩线长JXC=CW-5cm，确定n点。

连接点i、n和e，绘制基础袖底线。

⑦ 基础衣身侧缝线

在腰线基准线上取一点j，使gj=W/4。j为腰侧缝点。连点i、j及f，绘制基础衣身侧缝线。

⑧ 衣身袖底侧缝线

自i点做线段io=4cm（一般可为4~8cm），o点在ij与in夹角的角平分线上。连接基础关键点e、n、o、j、f，绘制一条圆顺的衣身袖底侧缝线。

上述步骤见图4-10-5。

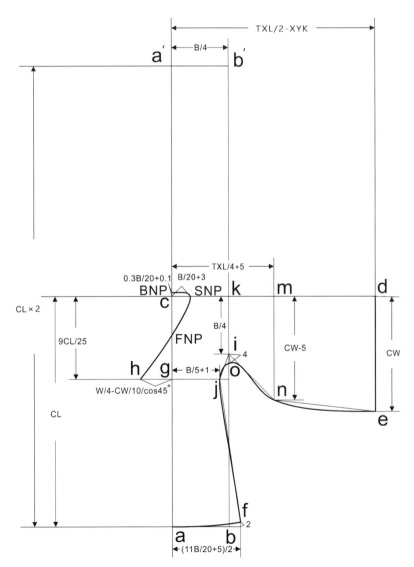

图4-10-5　短曲裾结构制图步骤⑥~⑧

⑨ 左裙片基准线

以aa'为对称轴作jf的镜像j'f'。jf为左侧衣身侧缝线，j'f'为右侧衣身侧缝线。

自腰线基准线向下做一条竖直线，交jf于p点。p到腰线基准线的距离为ZR。

自腰线基准线向下做一条竖直线，交j'f'于q点。q到腰线基准线的距离为YR。

连接j'pqf为左裙片基准线。

上述步骤见图4-10-6。

⑩ 左裙片结构

将左裙片分为3片，依次将绕曲片沿侧缝对称，形成一片式左裙片简单结构图：

四边形j'jfq为基础左裙片1。

将四边形j'jpq（含线段j'p）沿j'q边向左翻转，得到对称的四边形j"j'qp'（含线段p'j'），为基础左裙片2。

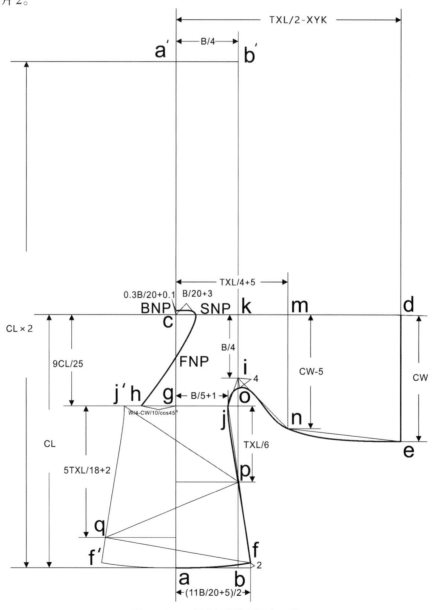

图4-10-6　短曲裾结构制图步骤⑨

将三角形 j"j'p' 沿 j"p' 边向左翻转，得到对称的三角形 j"'j"p'，为基础左裙片 3。

连接 j"'j"j'j，绘制圆顺的左裙片上口弧线，并在弧线上量取 jh'=jh，确定点 h'。连接 j"'p'qf，绘制圆顺的左裙片下口弧线。

⑪ 右侧衣身贴边线

将 jf 向左平移 7cm，与 j'j 交于 r 点，与 qf 交于 s 点，rs 为右侧衣身贴边线。以圆顺弧线连接 f's，f's 为右裙片下口弧线。

⑫ 后衣身结构线

将左侧衣身袖底侧缝线、袖口线、腰线及下摆线沿 cd 对称，构成后衣身结构线。

上述步骤见图 4-10-7。

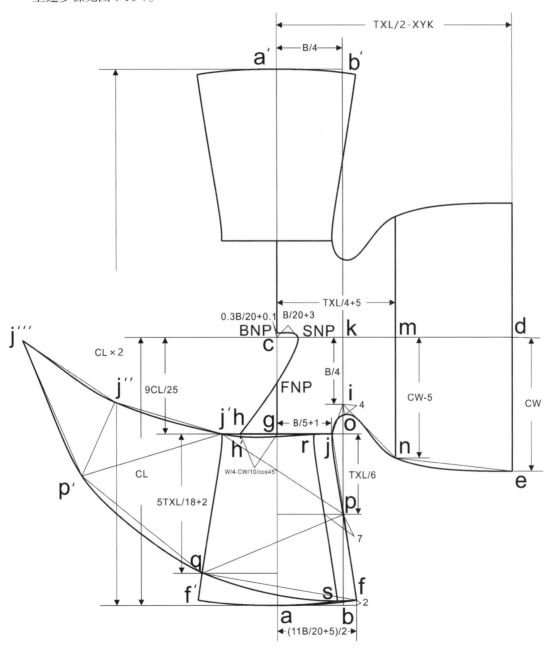

图 4-10-7 短曲裾结构制图步骤⑩~⑫

⑬ 领缘结构图

测量领口弧线a₁。绘制矩形长 =$a_1 \times 2-2$（为保证领缘伏贴，衣身领口线在左右前胸处各缝缩1cm），宽 =NR=CW/10的矩形，作为领缘。

⑭ 袖缘结构图

绘制长 =$CW \times 2$，宽 =XYK=CW/10的矩形，作为袖缘。

⑮ 裙缘结构图

测量j‴j″j′h′长度为b_1，绘制长 =b_1，宽 =QYK的矩形，作为左裙上口裙缘。

测量j‴p′qf长度为b_2，绘制长 =b_2，宽 =QYK的矩形，作为左裙下口裙缘。

测量f′s长度为c_1，绘制长 =c_1，宽 =QYK的矩形，作为右裙下口裙缘。

测量f′af长度为d_1，绘制长 =d_1，宽 =QYK的矩形，作为后裙下口裙缘。

上述步骤见图4-10-8。

至此，短曲裾结构图绘制完成。

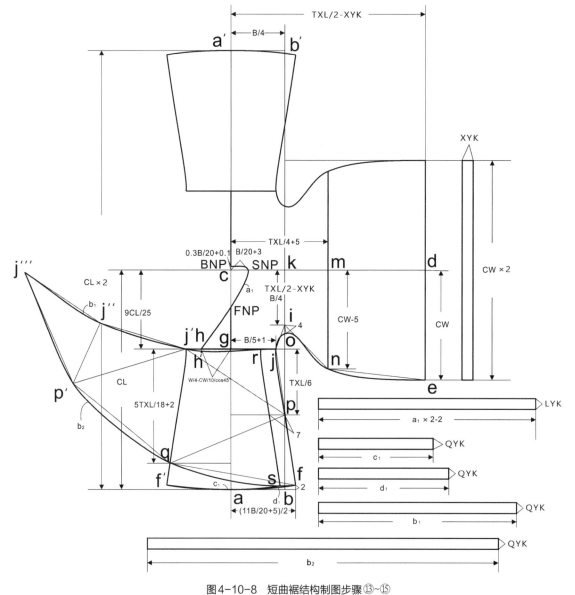

图4-10-8 短曲裾结构制图步骤⑬~⑮

（5）样片图

提取样片后，对样片进行放缝，除右侧衣身贴边线rs及右裙下口裙缘贴边线的缝份为3cm外，其余缝份均为1cm。短曲裾基本款样片放缝图见图4-10-9。

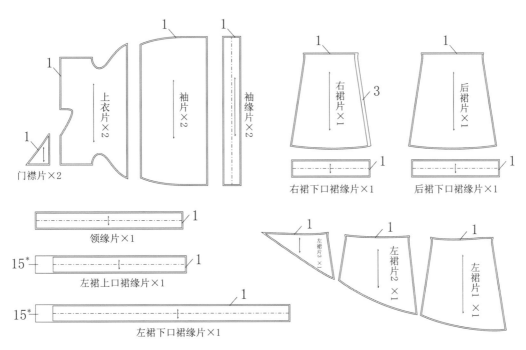

*注：此处缝量可多预留一段，制作左裙片裙缘尖角时再依据情况进行拼合修剪。

图4-10-9　短曲裾基本款样片放缝图

三、样衣

样衣展示如图4-10-10所示。

图4-10-10　样衣展示

第十一节　窄短曲裾

窄短曲裾款式较为合体，衣身上设有腰省，裙下摆设为收下摆。其他结构制图与较不合体短曲裾类似。在进行右下片的绘制时，为了使行动时不外露下裙摆，不造成不美观，右下裙下摆适当抬高，此款抬高量为8cm。

一、结构尺寸

根据窄短曲裾款式结构特点，总结窄短曲裾的测量部位：衣长、胸围、腰围、臀围、背长、通袖长、横开领口宽、后领口深、领缘宽、½袖口、袖肥、袖缘宽、半肩宽、肩线长、下摆宽、右绕曲点距腰、左绕曲点距腰、裙缘宽、门襟宽，如图4-11-1所示。

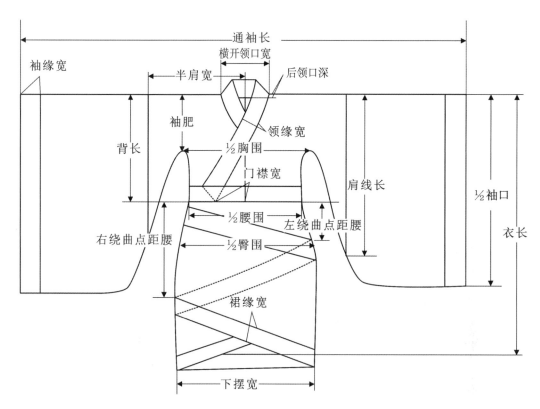

图4-11-1　较合体短曲裾部位名称

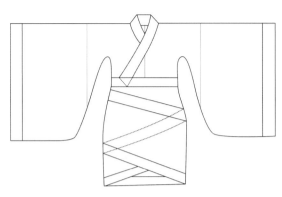

图4-11-2 窄短曲裾示例款式图

二、制图方法

（1）款式图

见图4-11-2。

（2）款式分析

衣身：后中破缝、H型；领子：交领右衽（全门襟）；袖子：大袖；下摆：微收水平下摆。

（3）规格设计

见表4-11-1。

表4-11-1 较合体短曲裾示例规格尺寸

单位：cm

部位名称（简写）	参考尺寸	回归公式	部位名称（简写）	参考尺寸	回归公式
衣长（CL）	100	CL	$\frac{1}{2}$ 袖口（CW）	55	CW
通袖长（TXL）	180	TXL	袖缘宽（XYK）	5	CW/10−0.5
$\frac{1}{2}$ 胸围（B/2）	48	B/2	半肩宽（SW/2）	42.5	TXL/4
$\frac{1}{2}$ 腰围（W/2）	42	2B/5+3.6	肩线长（JXC）	52	CW−3
$\frac{1}{2}$ 臀围（H/2）	48	B/2	下摆宽（XB）	45	11B/20−7.8
背长（NWL）	38	9CL/25+2	右绕曲点距腰（YX）	53	5TXL/18+3
横开领口宽（NW）	17	B/10+7	左绕曲点距腰（ZS）	35	TXL/6+5
后领口深（ND）	2.3	0.3B/20+0.86	裙缘宽（QYK）	5	CW/10−0.5
领缘宽（NR）	5	CW/10−0.5	门襟宽（MJK）	15	B/5−4.2
袖肥（AW）	24	B/4	—	—	—

注：示例款号型为160/84A。

（4）制图步骤

窄短曲裾款式结构特征与较宽松短曲裾类似，其不同之处在于腰省及裙身片。

① 绘制基础结构线

绘制矩形框aa'b'b，其中aa'=bb'=CL×2，ab=a'b'= B/4。窄短曲裾为前、后衣身通裁，此为前后衣身的基础框线，其中aa' 为前后身衣长，ab为半身宽。。

② 袖身结构线

自aa'线中点c绘制水平线cd= TXL/2-XYK，cd为袖中线。

自d点向下绘制竖直线de=CW，de为袖口线。

③ 右侧下摆线

自a点向右绘制水平线af=XB/2=11B/40-3.9cm，确定f点。

以a点竖直向上量取1cm，确定点t。

连接t、f点，绘制圆顺的右下摆弧线。

④ 腰线基准线

从 点c竖 直 向 下 量 取 背 长 NWL=9CL/25+2cm，确定g点。

以点g为基准绘制平行于袖中线的腰线基准线。

⑤ 臀围基准线

从点g竖直向下量取腰臀距18cm确定点u。

以点u为基准绘制平行于袖中线的臀围线基准线。

上述步骤见图4-11-3。

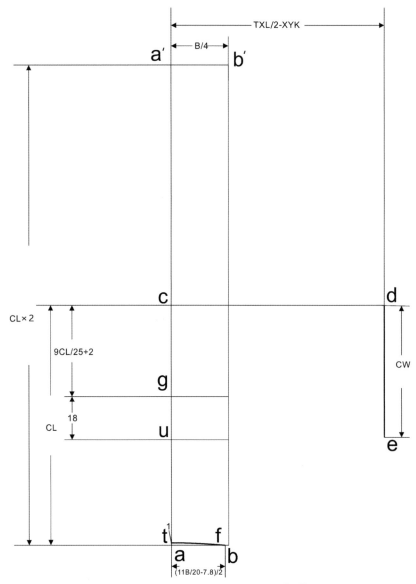

图4-11-3　窄短曲裾结构制图步骤①~⑤

⑥ 绘制左领口弧线

从c点竖直向上量取后领口深ND=0.3B/20+0.86cm，确定后领窝点BNP。

从c点水平向右量取NW/2=B/20+3.5cm，确定侧颈点SNP。

从g点水平向左量取门襟宽MJK=B/5-4.2cm，确定门襟止点h。

连接点BNP、SNP、h绘制圆顺的弧线，使之符合人体结构。为保证领口伏贴，领口线的弧线不可太弯，领线下端最好接近直线。

测量左领口弧线长并将其设定为参数a_1，以备最后绘制领缘。

⑦ 基础袖底缝线

自点c水平向右量取袖肥B/4，确定k点。

自点k竖直向下量取袖肥AW=B/4，确定i点.

自点c水平向右量取肩线宽HSW=TXL/4，确定m点。

自点m竖直向下量取肩线长JXC=CW-3cm，确定n点。

连接袖肥线端点i、肩宽线端点n和袖口端点e，绘制基础袖底线。

⑧ 基础衣身侧缝线

自g点水平向右量取1/4的腰围，即W/4=B/5+1.8cm，确定点腰侧缝点j。

连接袖肥线端点i、腰侧缝点j、臀侧缝点v及右下摆端点f，绘制基础衣身侧缝线。

⑨ 衣身袖底侧缝线

绘制角nij的角平分线io，io=4cm（一般可为4~8cm），以确定点o。

使用加圆角工具对ni与ij以4cm为半径加圆角。

在所绘制的圆角，基础袖底线及基础侧缝线的基础上，连接基础关键点e、n、o、j、v、f，绘制出一条圆顺的衣身袖底侧缝线。

上述步骤见图4-11-4。

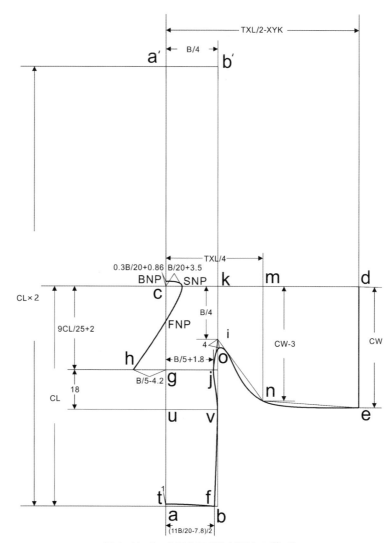

图4-11-4 窄短曲裾结构制图步骤⑥~⑨

⑩ 下摆参考线

将左侧衣身侧缝线 jf 沿 aa' 对称为右侧衣身侧缝。右侧衣身侧缝腰点下移 1cm 确定点 x。腰线向下平移 TXL/6+5cm，与左侧衣身侧缝线相交于于点 p。腰线向下平移 5TXL/18+3cm，与右侧衣身侧缝线相交于于点 q。连接 xp、pq。

⑪ 省道

省道位置在腰线的中点处；腰线中点竖直向上绘制 8cm，竖直向下绘制 10cm，为省道长度；省宽为 1cm。

⑫ 左裙片结构

将左下裙分为 3 片，采用映射的方法，依次将绕曲片沿侧缝进行对称，形成一片式左下裙简单结构图。

xjfq 为左裙片 1。首先将 xjpq、xp、pq、左右两个省道及前中线以 xq 为基准镜像，绘制 j'xqp' 及两个腰臀省为基础左裙片 2。

同理，将 j'xp'、左右两个省道及前中线以 j'p' 为基准镜像，绘制 x'j'p' 及两个腰臀省为基础左裙片 3。

上述步骤见图 4-11-5。

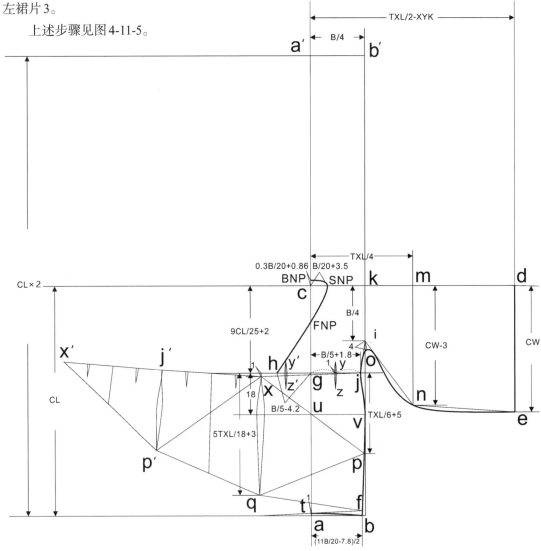

图 4-11-5　窄短曲裾结构制图步骤⑩~⑫

⑬ 左裙片上、下口弧线

连接x'j'xj，绘制圆顺的弧线，即左裙片上口弧线。

在左裙片上口弧线上量取jh'=jh，确定点h'。

连接x'p'qf，绘制圆顺的弧线，即左裙片下口弧线。

⑭ 右侧贴边线

以jf为基准向左平移7cm，平行线与左裙片下口弧线的交点向上量取2cm，确定点f'，连接wf'为右侧贴边线。

⑮ 后衣身结构

将左侧衣身侧缝线、袖口线、腰线、省道及下摆线以袖中线cd为对称轴对称为后衣身结构线。

上述步骤见图4-11-6。

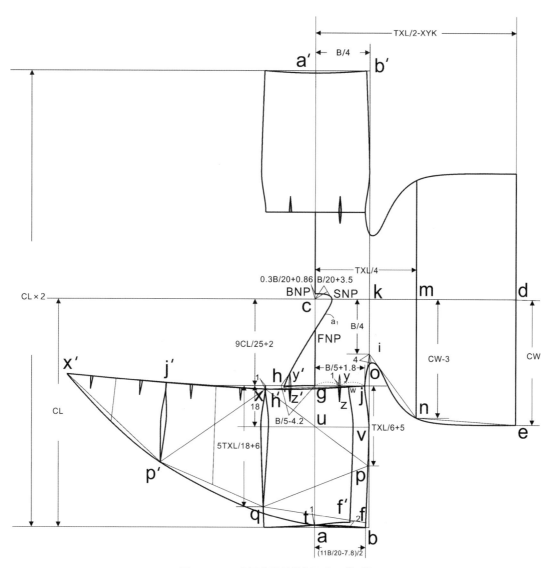

图4-11-6 窄短曲裾结构制图步骤⑬~⑮

111

⑯ 领缘及袖缘

绘制长为 $a_1 \times 2\text{-}2\text{cm}$（为保证领缘伏贴，衣身领口线在左右前胸处各缝缩1cm），宽为领缘宽 $NR=CW/10\text{-}0.5$ 的矩形框，为领缘结构图。

绘制长为 $CW \times 2$，宽为袖缘宽 $XYK=CW/10\text{-}0.5\text{cm}$ 的矩形框，为袖缘结构图。

⑰ 裙缘

测量左裙片上口弧线 $x'j'xh'$ 的长度，将其设定为参数 b_1。绘制长为 b_1，宽为裙缘宽 $QYK=CW/10\text{-}0.5\text{cm}$ 的矩形框，为左裙上口裙缘结构图。

测量左裙片下口弧线 $x'p'qf$ 的长度，将其设定为参数 b_2。绘制长为 b_2，宽为裙缘宽 $QYK=CW/10\text{-}0.5\text{cm}$ 的矩形框，为左裙下口裙缘结构图。

测量右裙片下口弧线 qf' 的长度，将其设定为参数 c_1。绘制一个长为 c_1，宽为裙缘宽 $QYK=CW/10\text{-}0.5\text{cm}$ 的矩形框，为右裙下口裙缘结构图。

测量后裙片下口弧线 tf 的长度，将其设定为参数 d_1，绘制一个长为 $d_1 \times 2$，宽为裙缘宽 $QYK=CW/10\text{-}0.5\text{cm}$ 的矩形框，为后裙下口裙缘结构图。

至此，较贴体短曲裙结构图绘制完成，见图4-11-7。

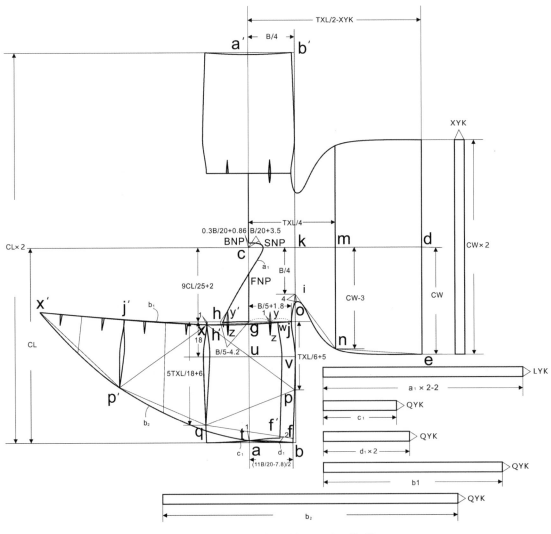

图4-11-7　窄短曲裾结构制图步骤⑯~⑰

（5）样片图

提取样片后，对样片进行放缝。除右侧衣身贴边线及右裙下。裙缘贴边线缝份为3cm外，其余缝缝均为1cm。样片见图4-11-8。

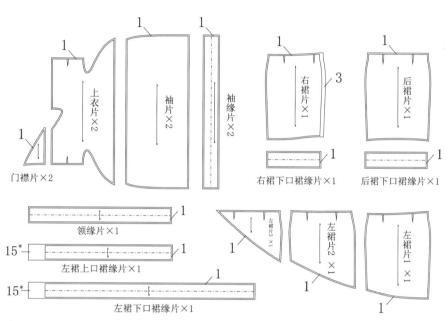

*注：此处缝量可多预留一段，制作左裙片裙缘尖角时再依据情况进行拼合修剪。

图4-11-8　较合体短曲裾基本款放缝图

三、样衣

样衣效果如图4-11-9所示。

图4-11-9　样衣展示

第十二节　长曲裾

长曲裾兴于秦汉时期，属于汉服礼服。其款式结构与短曲裾类似，只是裙长变长，绕曲可分为双绕曲裾和三绕曲裾，袖型以垂胡袖、大袖居多。一般搭配中衣及齐腰下裙穿着，曲裾色调一般深沉古朴，有拼色的衣缘，穿着效果典雅。

一、结构尺寸

长曲裾主要规格尺寸包括：衣长、通袖长、胸围、腰围、臀围、背长、横开领口宽、后领口深、领缘宽、门襟宽、袖肥、袖肥宽、½袖口、袖缘宽、半肩宽、肩线长、下摆宽、右上点距腰、右下点距腰、左上点距腰、左下点距腰、裙缘宽，见图4-12-1。

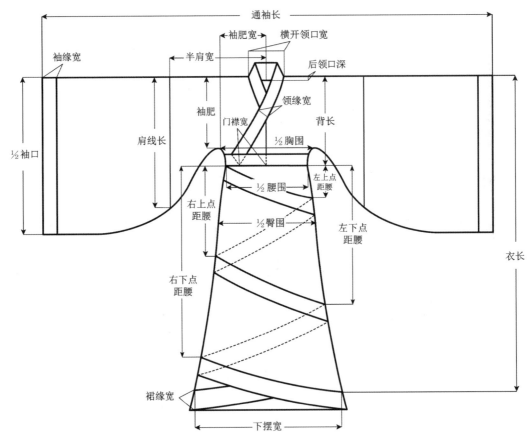

图4-12-1　长曲裾部位名称（虚线为被遮盖或背面部分）

选取10款长曲裾进行尺寸收集及数据分析，在CorelDraw X6中绘制轮廓线及结构线，并调节通袖长为180cm，在此基础上获得其细部尺寸，并用最大值、最小值、平均值、中值等对数据进行分析得到基本款长曲裾的基本尺寸及回归关系式，详见表4-12-1。

表4-12-1　长曲裾基本款数据分析

单位：cm

部位尺寸	部位简写	尺寸区间	回归公式	参考尺寸
衣长	CL	122~178	CL	130
½胸围	B/2	38~56	B/2	50
通袖长	TXL	180	TXL	180
½腰围	W/2	31~52	W/2=2B/5+x	42
背长	BL	34~45	BL=9CL/25+x	38
横开领口宽	NW	12~29	NW=B/10+x	16
后领口深	ND	0~1.5	ND=0.3B/20+x	1.5
领缘宽	NR	5~9	NR=CW/16+x	5
袖肥	AW	21~35	AW=B/4+x	25
½袖口	CW	16~30（垂胡袖）、40~60（宽袖） 65~75（大袖）、80~95（广袖）	CW	80
袖缘宽	XYK	4~9	XYK=CW/16+x	5
半肩宽	SW/2	63~78	SW=TXL/4+x	45
肩线长	JXC	27~43（垂胡袖）、38~58（宽袖） 62~70（大袖）、75~90（广袖）	JXC= 7CW/8+x	70
下摆宽	XB	64~90	XB=11B/20+x	60
左上点距腰	ZS	14~20	ZS=TXL/18+x	10
左下点距腰	ZX	55~90	ZX=5TXL/18+x	65
右上点距腰	YS	33~58	YS=TXL/6+x	42
右下点距腰	YX	65~85	YX=7TXL/18+x	70
裙缘宽	QYK	6~10	QYK=CW/16+x	5

注：x为调整数，可用于适当调整为整数设置，或为各部位依据款式特别放大或缩小而设置。

二、制图方法

（1）款式图

见图4-12-2。

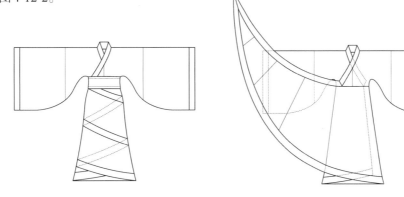

图4-12-2　长曲裾款式图及裙片展开图

（2）款式分析

衣身：后中破缝、小A型；领子：交领右衽（全门襟）；袖子：大袖；下摆：微宽，水平下摆。

（3）规格设计

见表4-12-2。

表4-12-2　长曲裾参考规格尺寸

单位：cm

部位名称（简称）	参考尺寸	回归公式	部位名称（简称）	参考尺寸	回归公式
衣长（CL）	130	CL	半肩宽（SW/2）	45	TXL/4
$\frac{1}{2}$ 胸围（B/2）	50	B/2	肩线长（JXC）	75	7CW/8+5
通袖长（TXL）	180	TXL	$\frac{1}{2}$ 腰围（W/2）	44	2B/5+4
$\frac{1}{2}$ 袖口（CW）	80	CW	左上点距腰（ZS）	20	TXL/9
下摆宽（XB）	60	11B/20+5	左下点距腰（ZX）	65	TXL/3+5
背长（NWL）	38	7CL/25+1.6	右上点距腰（YS）	42	TXL/4-3
后领口深（ND）	2.3	0.3B/20+0.8	右下点距腰（YX）	82	4TXL/9+2
横开领口宽（NW）	16	B/10+6	领缘宽（NR）	5	CW/8-5
门襟宽（MJK）	15	B/5-5	袖缘宽（XYK）	5	CW/16
袖肥（AW）	25	B/4	裙缘宽（QYK）	5	CW/15-0.3
袖肥宽（XFK）	25	B/4	—	—	—

注：示例款号型为160/84A。

（4）制图步骤

① 衣身基础结构线

绘制矩形框aa'b'b，其中aa'=bb'=CL×2，ab= a'b'= B/4。长曲裾为前、后衣身通裁，此为前后衣身的基础框线，其中aa'为前后身衣长，ab为半身宽。

② 袖身结构线

自aa'中点c绘制水平线cd=TXL/2-XYK=TXL/2-CW/16。cd为袖中线。

自d点绘制竖直线de=CW。de为袖口线。

③ 右侧下摆线

自a点作水平线af=XB/2。将f点向上移动2cm（一般可为1.5~2cm），连接af点并圆顺下摆弧线。

④ 腰线基准线

自c点竖直向下量取NWL，确定g点。自g点绘制水平线，该线为腰线基准线。

上述步骤见图4-12-3。

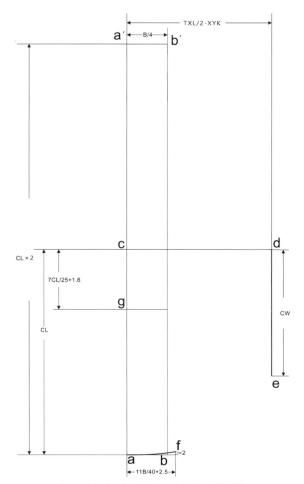

图4-12-3　长曲裾结构制图步骤①~④

⑤ 左领口弧线

自c点竖直向上量取后领口深ND，确定后领窝点BNP。

自c点水平向右量取NW/2，确定侧颈点SNP。

自g点水平向左量取门襟宽gh=MJK=B/5-5cm，h为门襟止点。

以圆顺弧线连接BNP、SNP及h，绘制左领口弧线使之符合人体结构。领口线的弧度不能太大，领线下端最好接近直线，以保证领口伏贴。

⑥ 基础袖底缝线

自c点水平向右量取袖肥宽B/4，确定点k。

自k点竖直向下量取袖肥AW=B/4，确定i点。

自c点水平向右量取肩线宽HSW=TXL/4，确定点m。

自m点竖直向下量取肩线长JXC=7CW/8+5cm，确定点n。

连接点i、n和e，绘制基础袖底线。

⑦ 基础衣身侧缝线

自g点水平向右量取gj=W/4，确定腰侧缝点j。

连接点i、j及f，绘制基础衣身侧缝线。

⑧ 衣身袖底侧缝线

自i点作线段io=4cm（一般可为4~8cm），o点在ij与in夹角的角平分线上。连接基础关键点e、n、o、j、f，绘制一条圆顺的衣身袖底侧缝线。

上述步骤见图4-12-4。

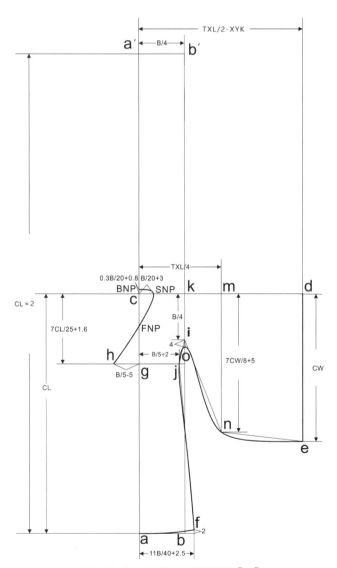

图4-12-4　长曲裾结构制图步骤⑤~⑧

⑨ 左裙片基准线

以aa'为对称轴作jf的镜像pf'。jf为左侧衣身侧缝线，pf'为右侧衣身侧缝线。

自腰线基准线向下做两条竖直线，分别交jf于q点和s点。其中，q到腰线基准线的距离为ZS，点s到腰线基准线的距离为ZX。

自腰线基准线向下做两条竖直线，分别交pf'于r点和t点。其中，点r到腰线基准线的距离为YS，点t到腰线基准线的距离为YX。

连接p、q、r、s、t为左裙片基准线。

上述步骤见图4-12-5。

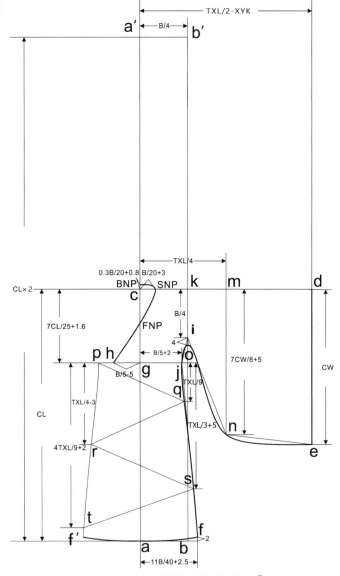

图4-12-5　长曲裾结构制图步骤⑨

⑩ 左裙片结构

将左裙片分为5片，依次将绕曲片沿侧缝对称，形成一片式左裙片简单结构图：

四边形 pjft 为基础左裙片 1。

将四边形 pjst（含折线 pqrs）沿 pt 边向左翻转，得到对称的四边形 j'pts'（含折线 pq'rs'），为基础左裙片 2。

将四边形 j'prs'（含折线 pq'r）沿 j's' 边向左翻转，得到对称的四边形 p'j's'r'（含折线 p'q'r'），为基础左裙片 3。

将四边形 p'j'q'r'（含线段 p'q'）沿 p'r' 边向左翻转，得到对称的四边形 j"p'r'q"（含线段 p'q"），为基础左裙片 4。

将三角形 p"j'q" 沿 j"q" 边向左翻转，得到对称的三角形 p"'j"q"，为基础左裙片 5。

连接点 p"'、j"、p'、j'、p、j，绘制圆顺的左裙片上口弧线，并在弧线上量取 jh'=jh，确定点 h'。连接点 p"'、q"、r'、s'、t、f，绘制圆顺的左裙片下口弧线。

上述步骤见图 4-12-6。

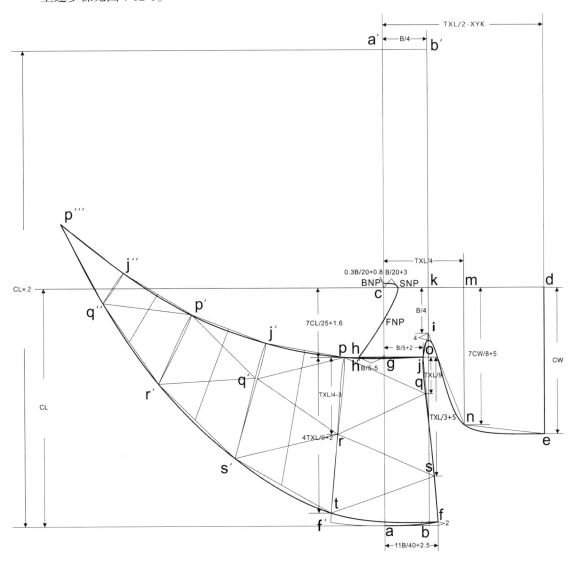

图 4-12-6　长曲裙结构制图步骤⑩

⑪ 后衣身结构线

将左侧衣身袖底侧缝线、袖口线、腰线及下摆线沿 cd 对称，构成后衣身结构线。

⑫ 右侧衣身贴边线

将 jf 向左平移 7cm，与 pj 交于 v 点，与 ft 交于 z 点。将点 z 竖直上移 1cm，vz 为右侧贴边线。以圆顺弧线连接 fz，fz 为右裙片下口弧线。

上述步骤见图 4-12-7。

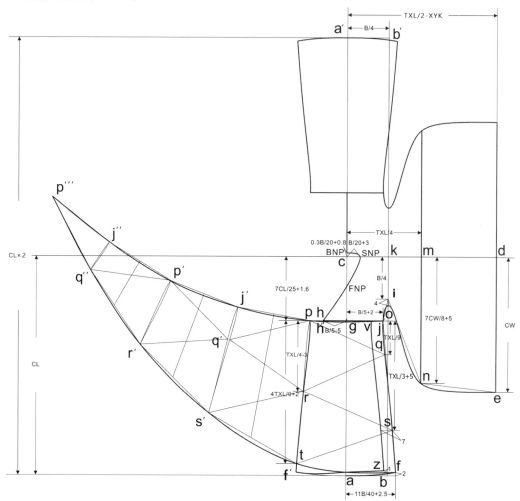

图 4-12-7　长曲裾结构制图步骤⑪~⑫

⑬ 领缘结构图

测量领口弧线 a_1。绘制矩形长 =$a_1 \times 2$-2cm（为保证领缘伏贴，衣身领口线在左右前胸处各缝缩 1cm），宽 =NR=CW/8-5cm 的矩形，作为领缘。

⑭ 袖缘结构图

绘制长 =CW×2，宽 =XYK=CW/16 的矩形，作为袖缘。

⑮ 裙缘结构图

测量 p'''j''p'j'ph' 长度为 b_1，绘制长 =b_1，宽 =QYK 的矩形，作为左裙上口裙缘。

测量 p'''q''r's'tf 长度为 b_2，绘制长 =b_2，宽 =QYK 的矩形，作为左裙下口裙缘。

测量 fz 长度为 c_1，绘制长 =c_1，宽 =QYK 的矩形，作为右裙下口裙缘。

测量af长度为d_1，绘制长=$d_1 \times 2$，宽=QYK的矩形，作为后裙下口裙缘。

上述步骤见图4-12-8。

至此，长曲裾结构图绘制完成。

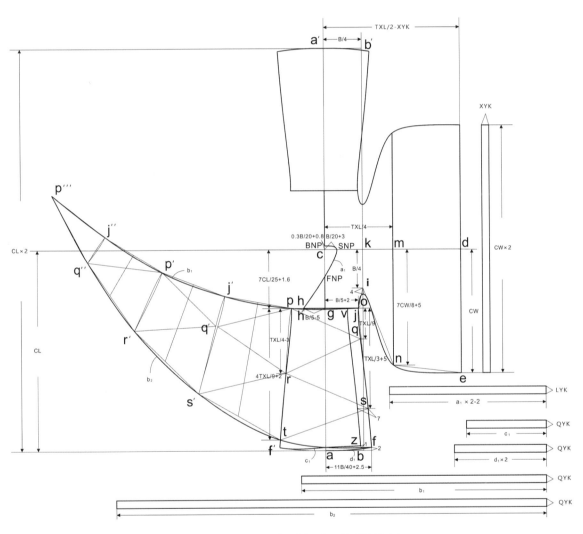

图4-12-8　长曲裾制图步骤⑬~⑮结构图

（5）样片图

提取样片后，对样片进行放缝，除右侧衣身贴边线及右裙下口裙缘右侧缝的缝份为3cm外，其余缝份均为1cm。长曲裾基本款样片放缝图见图4-12-9。

除了上述的三绕曲裾，长曲裾还有另一种形制——双绕曲裾。其裙长与长曲裾一致，但结构与短曲裾类似。

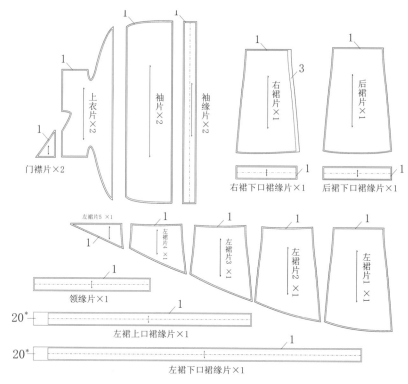

＊注：此处缝量可多预留一段，制作左裙片裙缘尖角时再依据情况进行拼合修剪。

图4-12-9　长曲裾基本款样片放缝图

三、样衣

样衣展示如图4-12-10所示。

图4-12-10　样衣展示

第十三节 齐腰下裙

齐腰下裙为现代汉服最为典型的下装，其款式结构较为简单，可以看作为裙长及地的百褶裙。

一、结构尺寸

齐腰下裙的主要规格尺寸包括裙长、裙宽、裙腰头长、裙腰头宽、裙带长、裙带宽，见图4-13-1。

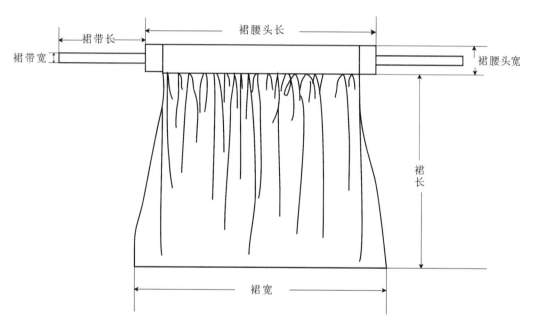

图4-13-1 齐腰下裙规格部位名称

齐腰下裙由裙腰片及裙片组成，穿着效果为绕腰围一圈半，所以其裙腰头长（QYL）=（净腰围+腰围放松量）×1.5=（68+2）×1.5×3cm=105cm，裙片的褶量一般为裙腰头长（QYL）的2.5~3.5倍，设定裙宽（QK）=裙腰头长（QYL）×3=（68+2）×1.5×3cm=315cm，裙腰头宽按款式需要一般设为3~6cm，本文裙腰头宽（YTK）=5cm，按照人体体型特征设定裙长（QL）=腰距地面长+裙腰头宽（YTK）=（110+5）cm=115cm。其基本款式分析及基本尺寸见表4-13-1。

表4-13-1 齐腰下裙结构部位及尺寸

单位：cm

部位名称	部位简写	尺寸区间	回归公式
裙长	QL	110~120	QL
裙宽	QK	300~350	$(W^*+2+x) \times 1.5 \times 3$
裙腰头长	QYL	100~120	$(W^* \times 2+x) \times 1.5$
裙腰头宽	YTK	3~6	QL/20+x
裙带长	QDC	30~50	QL/2+x
裙带宽	QDK	1.5~3	QL/50+x

注：x为调整数，W^*为净腰围。

二、制图方法

（1）款式图

见图4-13-2。

（2）款式分析

裙身：一片式衣褶裙。

（3）规格设计

见表4-13-2。

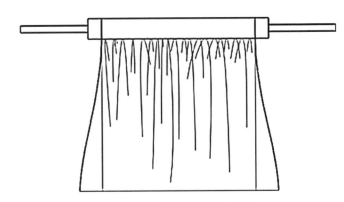

图4-13-2 齐腰下裙示例款式图

表4-13-2 齐腰下裙示例规格尺寸

单位：cm

部位名称（简写）	参考尺寸	回归公式	部位名称（简写）	参考尺寸	回归公式
裙长（QL）	115	QL	裙腰头长（QYL）	105	$(W^*+2) \times 1.5$
裙宽（QK）	315	$(W^*+2) \times 1.5 \times 3$	裙腰头宽（YTK）	5	QL/20−0.75
裙带长（QDC）	55	QL/2−2.5	裙带宽（QDK）	2	QL/5−0.3

注：示例款号型为160/84A，W^*为68cm。

（4）制图步骤

① 裙腰、裙身和裙带

绘制长为裙腰长（QYL）=（W^*+2）×1.5=105cm，宽为裙腰头宽（YTK）=QL/20-0.75cm=5cm的矩形框efgh，作为裙腰头片。

② 绘制长为裙宽（QK）=（W^*+2）×1.5×3=315cm，宽为裙长（QL）=QL=115cm的矩形框abcd，为裙片。

③ 绘制长为裙带长（QDC）=QL/2-2.5cm=55cm，宽为裙带宽（QDK）=QL/5-0.3cm=2cm的矩形框ijkm，作为腰带。

上述步骤见图4-13-3。

（5）样片图

提取各样片，并完成放缝，其中裙腰头片需沿腰围线对称展开再放缝，裙片下摆及侧缝卷边均需放缝3cm，其余放缝1cm。样片放缝图见图4-13-4。

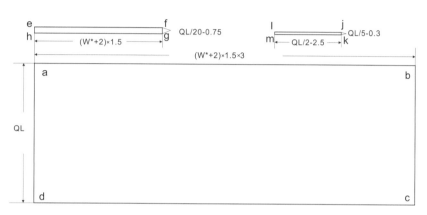

图4-13-3 齐腰下裙基本款结构制图步骤①~③

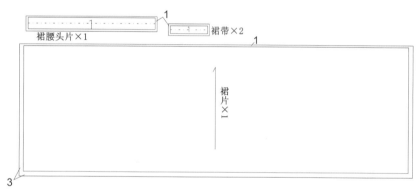

图4-13-4 腰下裙基本款放缝图

三、样衣

样衣展示如图4-13-5所示。

图4-13-5 样衣展示

第十四节　齐胸下裙

齐胸下裙于唐朝兴起并流行，一般内搭对襟上衣、外搭大袖衫。齐胸下裙同齐腰下裙一样为百褶裙，但穿着在上胸围线处，裙长及地或拖地。齐胸下裙按其结构可分为一片式及两片式。一片式在款式结构上与齐腰下裙类似，这里仅探索两片式齐胸下裙结构特征。

一、结构尺寸

齐腰下裙的主要规格尺寸包括裙长、裙宽、裙腰头长、裙腰头宽，见图4-14-1。

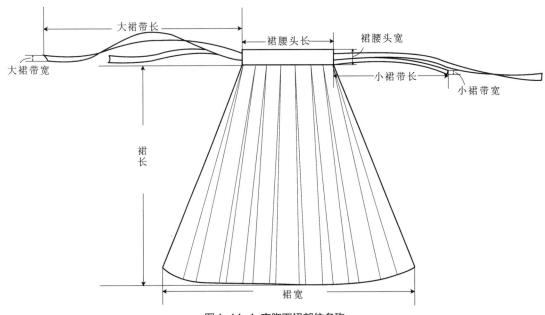

图4-14-1 齐胸下裙部位名称

齐胸下裙在穿着后前后裙片在腋下有一定的交叠以免露出内层服装，因此设定裙腰头长（QYL）=（上胸围+裙片交叠量）/2=（79+15）/2cm=47cm，同样齐胸下裙片的褶量为裙腰头长（QYL）的2.5~3.5倍，本文为简化其结构设定为3倍褶量，因此设定裙宽（QK）=3×（上胸围+裙片交叠量）/2=3×（79+15）/2cm=141cm。裙腰头宽按款式需要一般设为5~10cm，裙腰头宽（YTK）=5cm，按照人体体型特征设定裙长（QL）=腋下距地面长—裙腰头宽（YTK）=134-5cm=129cm。小裙带由后片系于胸前，因此设定小裙带长（XDL）=上胸围×1.5/2=79×1.5/2cm=59.25cm，大裙带由前胸交于后背系结后再绕到前胸，经过多次绕结并在胸宽点附近系结垂下，因此设定大裙带长（DDL）=上胸围+裙长×2=79cm+129×2cm=337cm。其基本款式分析及基本尺寸见表4-14-1。

表4-14-1 齐胸下裙结构部位及尺寸

单位：cm

部位名称	部位简写	尺寸区间	回归公式
裙长	QL	120~140	QL
裙宽	QK	300~350	3×（上胸围+15）/2
裙腰头长	QYL	100~120	（上胸围+15）/2
裙腰头宽	YTK	5~10	QL/20+x
大裙带长	DDL	300~350	上胸围+QL×2
大裙带宽	DDK	3~5	QL/50+x
小裙带长	XDL	40~50	上胸围×1.5/2
小裙带宽	XDK	1~1.5	QL/100+x

注：x为调整数，可用于适当调整为整数设置，或为各部位依据款式特别放大或缩小而设置。

二、制图方法

（1）款式图

见图4-14-2。

（2）款式分析

裙身：两片式衣褶裙。

（3）规格设计

见表4-14-2。

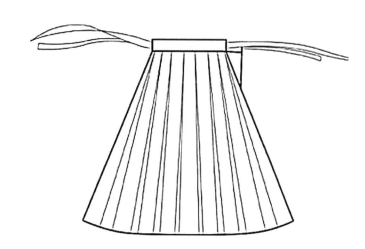

图4-14-2 齐胸下裙示例款式图

表4-14-2 齐胸下裙示例规格尺寸

单位：cm

部位名称（简写）	参考尺寸	回归公式	部位名称（简写）	参考尺寸	回归公式
裙长（QL）	129	QL	大裙带长（DDL）	337	BS*+QL×2
裙宽（QK）	141	3×（BS*+15）/2	大裙带宽（DDK）	3	QL/50+0.42
裙腰头长（QYL）	47	（BS*+15）/2	小裙带长（XDL）	59.25	BS*×1.5/2
裙腰头宽（YTK）	8	QL/20+1.65	小裙带宽（XDK）	1	QL/100-0.29

注：上胸围BS*尺寸为79cm。

（4）制图步骤

① 裙腰和裙身

绘制长为裙腰头长（QYL）=0.5BS*+7.5cm =47cm，宽为裙腰头宽（YTK）=QL/20+1.65cm =8cm的矩形框efgh，作为裙腰头；

绘制长为裙长（QL）=129cm，宽为裙宽（QK）=3×（BS*+15）/2=141cm的矩形框abcd，作为裙身片。

上述步骤见图4-14-3。

② 大裙带和小裙带

绘制长为一半的大裙带长（DDL），即（BS*+ QL×2）/2=337cm，宽为大裙带宽（DDK）=QL/50+0.42cm =3cm的矩形框nopq，作为大系带；绘制长为小裙带长（XDL）=1.5BS*/2 =59.25cm，宽为裙带宽（XDK）=QL/100-0.29cm= 1cm的矩形框ljkm，作为小系带。

上述步骤见图4-14-4。

至此齐胸下裙结构制图完成。

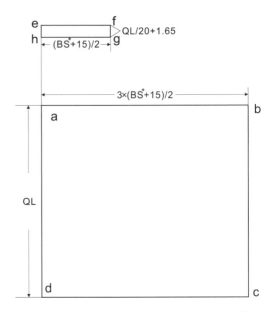

图4-14-3　齐胸下裙基本款的结构制图步骤①

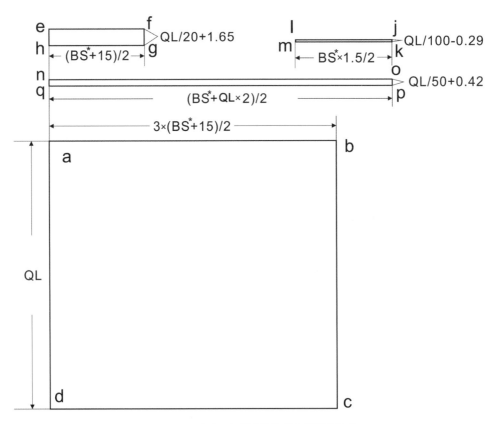

图4-14-4　齐胸下裙基本款的结构制图步骤②

（5）样片图

分别提取各样片，并完成放缝，其中裙腰头片需沿腰围线对称展开后再放缝，裙片下摆处为卷边下摆，需放缝3cm，见图4-14-5。

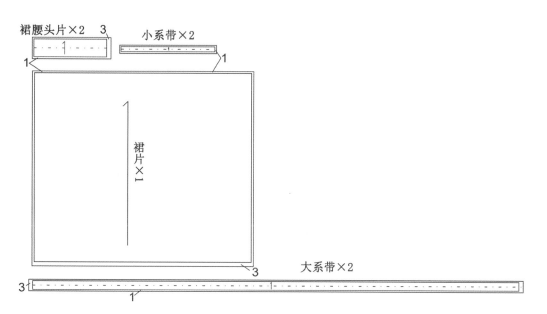

图4-14-5　齐胸下裙基本款放缝图

三、样衣

样衣展示如图4-14-6所示。

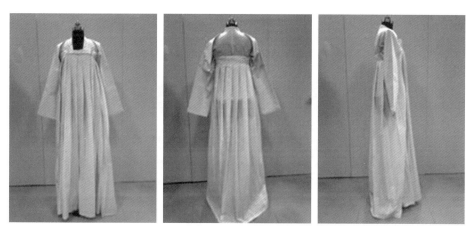

图4-14-6　样衣展示

第十五节　马面裙

马面裙为明朝时期典型的汉服着装，在现代穿着中经常搭配夹袄，其穿着效果优雅精致。

一、结构尺寸

马面裙的主要规格尺寸包括裙长、裙宽、裙腰头长、裙腰头宽、马面宽、裙褶数、褶宽、裙带宽、裙带长。见图4-15-1。

在结构上马面裙将两个相同的裙片马面部分重合后一起与腰头进行缝合，穿着后，前后两个马面部分重合，衣身两侧有褶裥。褶裥一般为4个左侧倒向4个右侧倒向褶裥，褶宽为2~3cm，见图4-15-2。根据其款式特征及人体体型特征研究得出马面裙的基本尺寸为裙长QL=腰线及地长-腰头宽=（105-5）cm=100cm，马面宽（1）=（25~28）cm=27cm，裙褶数（m）=4个，褶宽（n）=2cm，裙宽=2（l-n）+n×m×3×2=98cm，裙腰长=2（l-n）+n×m×4=82cm，系带长=腰围+裙长/2=131cm。马面裙基本款式分析及基本尺寸见表4-15-1。

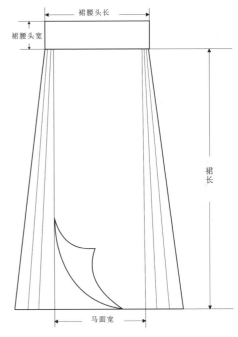

图4-15-1　马面裙部位

图4-15-2　马面裙褶裥结构示意

表4-15-1　马面裙结构部位及尺寸

单位：cm

部位名称	部位简写	尺寸区间	部位回归关系公式
裙长	QL	120~140	QL
裙宽	QK	300~350	2（MMK−n）+n×m×3×2=98
裙腰头长	QYL	100~120	2（MMK−n）+n×m×4=82
裙腰宽	YTK	5~10	QL/20+x
马面宽	MMK	25~28	W^*/2+x
裙褶数	m	3~5	QL/20+x
褶宽	n	1.5~3	W^*/30+x
裙带宽	QDK	2~4	QL/30+x
裙带长	QDL	130~140	W^*+QL/2

注：W*为净腰围；x为调整数，可用于适当调整为整数设置，或为各部位依据款式特别放大或缩小而设置。

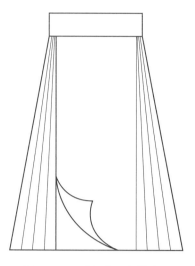

图4-15-3 马面裙示例款式图

二、制图方法

（1）款式图（图4-15-3）

（2）款式分析

裙身：两片式衣褶裙。

（3）规格设计（表4-15-2）

表4-15-2 交领右衽上襦示例规格尺寸

单位：cm

部位名称（简写）	参考尺寸	回归公式	部位名称（简写）	参考尺寸	回归公式
裙长（QL）	100	QL	裙褶数（m）	5	QL/20
裙宽（QK）	98	2（MMK-n）+n×m×3×2	褶宽（n）	2	W*/30-0.26
裙腰长（QYL）	82	2（MMK-n）+n×m×4	裙带宽（QDK）	3	QL/30-0.33
裙腰头宽（YTK）	5	QL/20	裙带长（QDL）	118	W*+QL/2
马面宽（MMK）	37	W*/2+3	—	—	—

注：示例款号型为160/84A，W*为68cm。

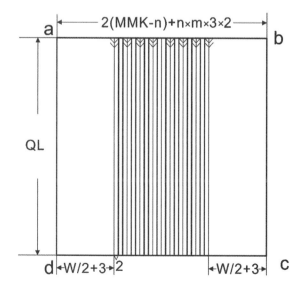

图4-15-4 马面裙基本款的结构制图步骤①

（4）制图步骤

① 裙身

绘制矩形abcd：ad=bc=QL；ab=dc=2（MMK-n）+n×m×3×2=98cm，为裙宽。

距裙侧缝马面宽W*/2+3cm=37cm处画标记线，并从左到右在两线之间标记4个倒向右侧宽为2cm的褶裥及4个倒向左侧宽为2cm的褶裥。

上述步骤见图4-15-4。

② 腰头和裙腰带

绘制矩形efgh：ef=gh=2（MMK-n）+n×m×4=82cm为裙腰长；eh=gf=QL/20=5cm为裙腰宽；

绘制矩形jkml：jl=mk=W*+QL/2=131cm为腰带长；jk=lm=QL/30=3cm为腰带宽。

上述步骤见图4-15-5。

至此马面裙结构图制图完成。

（5）样片图

提取样片后，对样片进行放缝。其中裙腰头片需沿腰围线对称展开再放缝，裙下摆处卷边需放缝3cm，按上述方法完成的样片放缝图见图4-15-6。

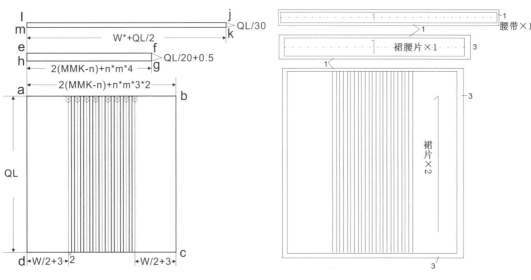

图4-15-5　马面裙基本款结构制图步骤②　　　　图4-15-6　马面裙基本款放缝图

三、样衣

样衣展示如图4-15-7所示。

图4-15-7　样衣展示

第五章　当代汉服设计新技术

第一节　交领右衽结构的立裁分析

对于汉服来说，立体裁剪是其服装造型设计和结构优化的新技术。鉴于汉服偏平面化的整体结构特征，立体裁剪在汉服设计中运用较少，但结合运用立体裁剪技术针对汉服的一些局部结构优化研究，是一个很好的新思路和解决问题的新技术途径。

以下以交领右衽局部结构研究为例，来讨论一下立体裁剪在汉服设计中的研究应用。

鉴于汉服交领右衽领缘为直的款式特征，有些领缘口出现不伏贴的结构问题，单从平面结构就较难清晰讨论和精准解决，结合人台的立体裁剪技术能有效呈现领口线结构对领缘外口造型的影响，领口线结构的设计是解决领缘外口不伏贴问题的关键。

实验人台：160/84A女体人台。

实验用布：棉质平纹中等厚度白坯布。

实验步骤：

①以第四章第一节交领右衽上襦平面结构图为基础，裁制衣身实验样片。裁制的衣身实验样片合并了前中线拼缝，且最大程度地余留了领口的实验用布量。

②将裁制的衣身实验用布放置于人台上，将布的胸围线和前中线与人台的胸围线和前中线对齐，以人台的基础领口线为基准适当剪刀口并整理领口处平服，整理整体衣身平整，适当位置使用大头针固定用布于人台。

③在前衣身用布上相对应人台的前领口中心点（FNP）进行标注，标注此点为A点，以A点为基准，沿前中线以间距为1cm，依次向下标注为B、C、D、E、F、G、H、I、J、K、L、M、N、O、P点。

④准备领缘用布，领缘用布为连口对折双层，净宽为5cm，缝份余量为1cm，长为90cm。

⑤从领口后中心点起，逐渐别合领缘片与衣身，别合时依据领缘外口的造型平服情况，尤其是胸部附近的领缘外口伏贴和不外倾，调整确定别合的领口线。依次通过A点到P点做领缘立裁别合实验，描绘对应的领口线。见表5-1-1。

表5-1-1 交领右衽立裁实验图

序号	正面	侧面	序号	正面	侧面	序号	正面	侧面
A			B			C		
D			E			F		
G			H			I		
J			K			L		
M			N			O		
P			—	—	—	—	—	—

实验结果：

将描绘的领口线对应绘制于平面纸样，结构数据结果如图5-1-1所示。如图显示，后领口线较为一致，前领口线根据前领口深度的变化而变化，前领口线自前中心标记点至侧缝或底边的领口线末端点这一段趋近直线状。

其中，夹袄多用通过B点、C点、D点的领口线，交领右衽上襦、半臂多用通过D点、E点、F点、G点的领口线，短曲裾多用通过H点、I点、J点、K点的领口线，长曲裾、袍衫多用通过L点、M点、N点、O点、P点的领口线。交领右衽领型的前领口深可依据款式进行设计，但前领口弧线形状需参照实验结果进行绘制，以保证领缘外口的平整、伏贴。

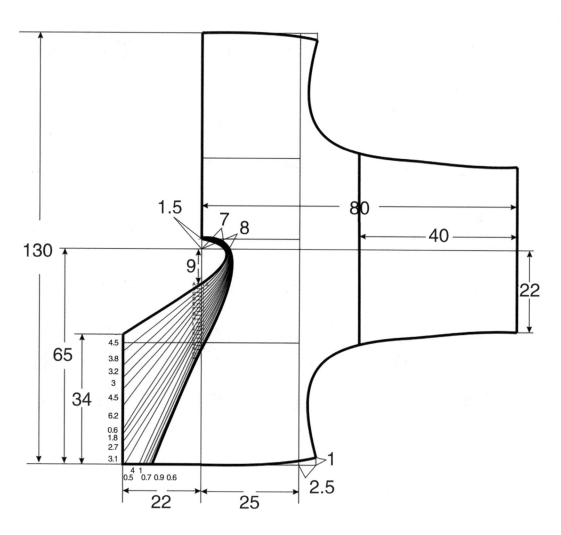

图5-1-1　交领右衽立裁领口线结构图（单位：cm）

第二节　服装CAD快速设计方法

服装CAD技术的发展、应用和普及改变了服装样板的设计方式，不仅改变了纸样设计师在纸样设计制作时弯腰俯身台面笔耕手绘的辛苦劳作方式，还有效提高了纸样的存储和再利用效能。随着近年服装CAD技术的发展，基于人体特征和款式特征的参数化CAD纸样设计方法更是大面貌改变了服装样版的设计方法和大幅度提高了服装样板的设计效率。运用服装CAD新技术进行汉服样板设计制作是以新生产力和新生命力对汉服的传承。

汉服样板的服装CAD快速设计不只是用电脑屏幕做台面、鼠标做铅笔的纸样绘制，是运用服装CAD可参数化驱动的技术路径重演性进行样板快速设计，也就是对于同一款式可进行人体体型参数驱动的迅速纸样设计，或者对于相近款式可进行款式参数修改驱动的纸样快速生成。

一、用服装CAD技术制作当代汉服样板

技术环境：服装二维CAD系统。

Modasoft 10.0，智尊宝纺服装样板管理平台。

技术步骤：

①建立号型尺寸表，设置号型、规格项目和输入尺寸。

②结构制图。

③样片生成。

④排料打印。

交领右衽上襦CAD制板实例：

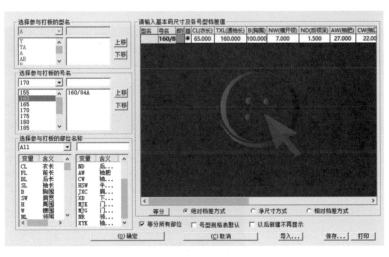

①建立号型尺寸表，设置号型、规格项目和输入尺寸，如图5-2-1所示。

图5-2-1　交领右衽上襦号型尺码表

②结构制图。根据号型尺寸绘制交领右衽上襦结构图，如图5-2-2所示。

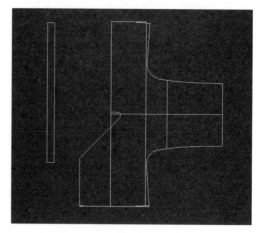

图5-2-2　交领右衽上襦结构图

③样片生成。在交领右衽上襦结构图的基础上取出样片并放出相应缝份，如图5-2-3所示。

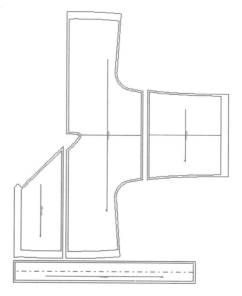

图5-2-3　交领右衽上襦样片图

④排料打印。将放好缝份的样板在排料系统中排料并打印出排料图，如图5-2-4所示。

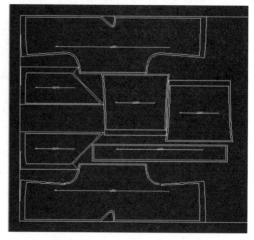

图5-2-4　交领右衽上襦排料图

二、当代汉服样板服装CAD快速制板

技术环境：服装二维CAD系统。

Modasoft 10.0，智尊宝纺服装样板管理平台。

技术步骤：

①打开同一款式或相近款式的CAD制板文件。

②根据款式和人体体型信息，修改号型尺寸表参数数值，样板快速演绎生产，完成。

（一）同一款式，体型变化

①打开同一款式的CAD制板文件。进行同款式不同体型的变化时，打开这一款式的CAD制板文件，其号型尺寸及样片如表5-2-1和图5-2-5所示。

表5-2-1 160/84A交领右衽上襦尺码表

号名	颜色	基本	CL（衣长）
160/84A	⊙		65.000
TXL（通袖长）	B（胸围）	NW（横开领口宽）	ND（后领口深）
160.000	100.000	7.000	1.500
AW（袖肥）	CW（袖口宽）	HSW（半肩宽）	JXC（肩线长）
27.000	22.000	40.000	24.000
XB（下摆宽）	MJK（门襟宽）	MJG（门襟高）	NR（领缘宽）
27.500	22.000	34.000	5.000

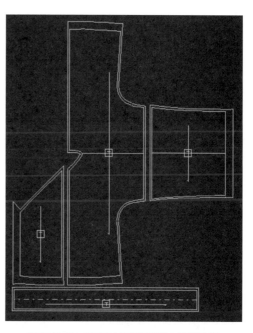

图5-2-5 160/84A交领右衽上襦样片图

②根据人体体型信息，修改号型尺寸表参数数值，样板快速演绎生产，完成。修改后的号型尺码表及样片图如表5-2-2和图5-2-6所示。

图5-2-2 165/88A交领右衽上襦尺码表

号名	颜色	基本	CL（衣长）
165/88A	⊙		4.000
TXL（通袖长）	B（胸围）	NW（横开领口宽）	ND（后领口深）
5.000	4.000	0.200	0.070
AW（袖肥）	CW（袖口宽）	HSW（半肩宽）	JXC（肩线长）
1.000	1.000	1.250	1.000
XB（下摆宽）	MJK（门襟宽）	MJG（门襟高）	NR（领缘宽）
1.000	0.000	2.000	0.000

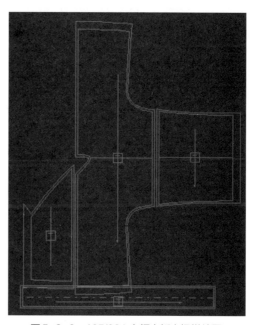

图5-2-6 165/88A交领右衽上襦样片图

（二）同一体型，款式变化

①打开相近款式的CAD制板文件。进行同体型不同款式的变化时，打开这一款式的CAD制板文件，其号型尺寸及样片如表5-2-3和图5-2-7所示。

表5-2-3　原交领右衽上襦尺码表

号名	颜色	基本	CL（衣长）
160/84A		⊙	65.000
TXL（通袖长）	B（胸围）	NW（横开领口宽）	ND（后领口深）
160.000	100.000	7.000	1.500
AW（袖肥）	CW（袖口宽）	HSW（半肩宽）	JXC（肩线长）
27.000	22.000	40.000	24.000
XB（下摆宽）	MJK（门襟宽）	MJG（门襟高）	NR（领缘宽）
27.500	22.000	34.000	5.000

②根据款式信息，修改号型尺寸表参数数值，样板快速演绎生产，完成。本样品缩小门襟、袖口，其号型尺寸及样片如表5-2-4和图5-2-8所示。

表5-2-4　修改后交领右衽上襦尺码表

号名	颜色	基本	CL（衣长）
160/84A		⊙	65.000
TXL（通袖长）	B（胸围）	NW（横开领口宽）	ND（后领口深）
160.000	100.000	8.000	1.500
AW（袖肥）	CW（袖口宽）	HSW（半肩宽）	JXC（肩线长）
20.000	15.000	40.000	17.000
XB（下摆宽）	MJK（门襟宽）	MJG（门襟高）	NR（领缘宽）
27.500	16.000	20.000	5.000

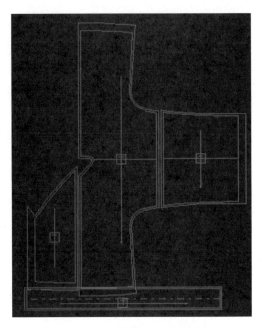

图5-2-7　原交领右衽上襦样片图

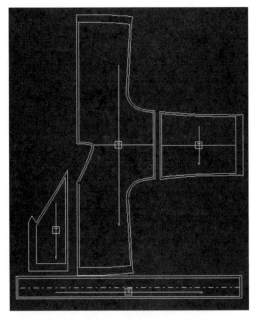

图5-2-8　修改后交领右衽上襦样片图

第三节 三维虚拟仿真技术应用

三维虚拟仿真技术对汉服的设计和呈现提供了新方式、新途径、新面貌，三维虚拟仿真技术可及时呈现汉服设计中的面料选择和配色效果，降低汉服样板完成后样衣的封样成本，汉服设计不仅能以二维设计图、样板板样和样衣图的形式留存传播和传承，还增添了更生动的三维面貌。

一、当代汉服三维虚拟仿真设计技术

（1）技术环境

服装二维CAD系统+服装三维虚拟试衣系统。

（2）技术步骤

①二维汉服样板的导入。在二维CAD系统中将汉服样板转存为"*.dxf"格式；打开三维虚拟试衣系统，导入"*.dxf"格式的汉服样板。

②选择三维虚拟试衣模特。

③基于虚拟人体设置样片位置，设置样片缝合对应关系，虚拟缝合。

④选择面料，设置色彩图案。

（3）技术要领

①衣身衣袖样板的分割和位置设置。在肩线和衣袖处断开前后衣身相连衣袖相连的汉服样板，再将各样片基于虚拟人体位置设置在其对应的位置。

②领缘样板分割和位置设置。交领领缘样片在位置设置和缝合设置时，将领片分割为后领片、侧领片和交领片；对于对襟直领领缘样片，将其分割为后领片和前对襟领片。

如图5-3-1所示。

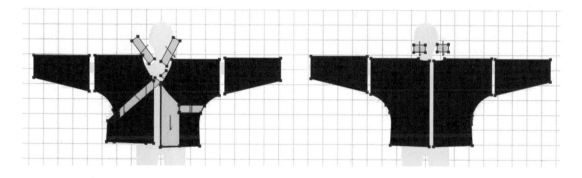

图5-3-1 交领右衽上襦样片分割和缝合设置

③系带的处理。汉服的系带不仅有穿着固定的功用，还有一定的装饰功用。

隐藏固定系带，操作设置较为简单，交领右衽上襦中左门襟片与衣身侧缝在腋下处的固定系带，系带长度设置为左门襟侧边距衣身侧缝的水平间距即可。如图5-3-2所示。

装饰打结系带，需分解打结形式设置样片，蝴蝶结打结系带，样片设置需为2片打结片、2片垂带片和1片贴片，共5个样片，打结片需设置绕转，垂带片、贴片只需设置平放即可。如图5-3-2所示。

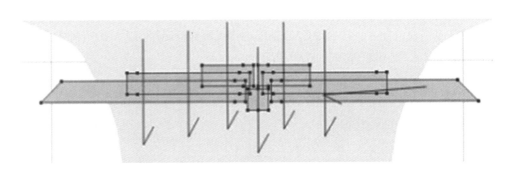

样板图

样片位置和缝合设置

虚拟仿真缝合完成

图5-3-2　蝴蝶结系带虚拟仿真

样板图

固定打结系带，在装饰打结系带的基础上还需多设置1个或2个连接片，用于连接衣身的两边，起到固定系带的作用。如图5-3-3所示的腰部大带系带，样片为1片连接片、2片打结片、2片垂带片和1片贴片，其中连接片长度为W（腰围）加2cm。

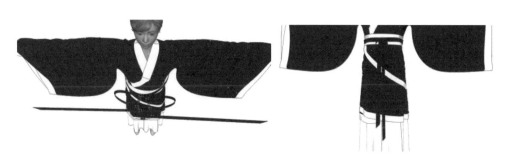

样片位置和缝合设置   虚拟仿真缝合完成

图5-3-3 汉服腰部大带虚拟仿真

④绕襟的处理。对于短曲裾和长曲裾绕襟下裙的虚拟仿真缝合时，于侧缝处将绕襟下裙分割为多片，如双绕曲裾下裙分为后裙片、右裙片、左裙片1、左裙片2、左裙片3，共5片。在进行样片位置和缝合设置时，靠近人体的样片弧度大。曲裾绕襟的下摆缘样片为直条装，缝制时附以熨烫呈现为伏贴的弯弧形状，虚拟仿真时，需将下摆缘样片修改为对应裙下摆弧度的弧状样片，如图5-3-4所示。

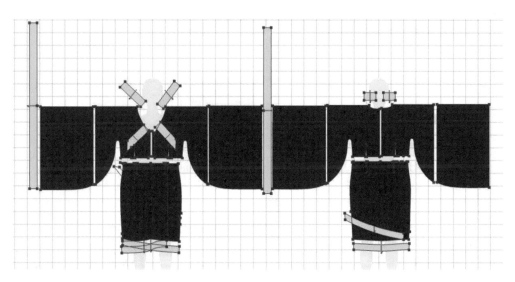

图5-3-4 短曲裾样片位置和缝合设置

⑤裙褶裥的处理。对齐腰下裙、齐胸下裙及马面裙褶裥的虚拟仿真，可运用2D界面中的Tucker工具，直接生成褶裥裙样片，也可将样片在3D界面中设置Z向偏移和折痕角从而形成褶裥，然后设置与腰头样片缝合，即可。如图5-3-5所示。

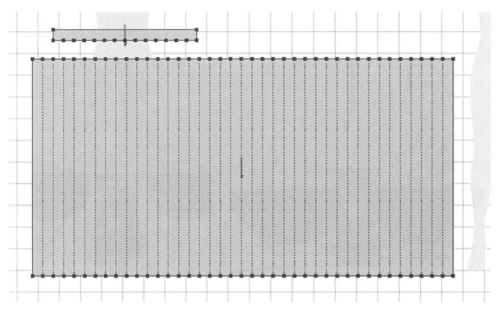

图5-3-5　裙褶裥的设置

⑥多层穿着的处理。它包括多件穿着、腰封及大带的搭配。多件多层的设置需认真仔细，各层设置按由内向外、由上至下排列，对各层服装要一层一层设置穿着，以免各缝纫面相交。出现样片穿着不合理现象时，只需选择对应层样片，选择顶点选择模式，调整各点位置，实现完美穿着效果。如图5-3-6所示。

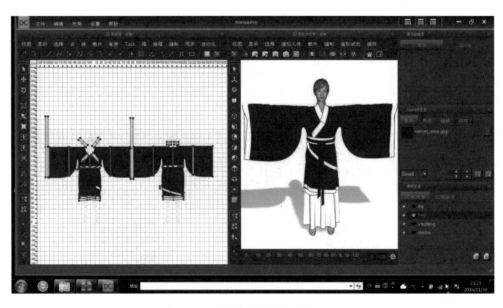

图5-3-6　短曲裙虚拟仿真设计界面

二、当代汉服三维虚拟仿真设计实例

①交领右衽上襦搭配齐腰下裙（图5-3-7）。

图5-3-7　交领右衽上襦搭配齐腰下裙虚拟仿真设计

②对襟直领半臂搭配抹胸及齐腰下裙（图5-3-8）。

图5-3-8　对襟直领半臂搭配抹胸及齐腰下裙虚拟仿真设计

③交领右衽半臂搭配齐腰下裙（图5-3-9）。

图5-3-9　交领右衽半臂搭配齐腰下裙虚拟仿真设计

④袒领半臂搭配齐腰下裙（图5-3-10）。

图5-3-10　袒领半臂搭配齐腰下裙虚拟仿真设计

⑤对襟直领上衣抹胸搭配齐腰下裙（图5-3-11）。

图5-3-11 对襟直领上衣抹胸搭配齐腰下裙虚拟仿真设计

⑥比甲搭配齐腰下裙（图5-3-12）。

图5-3-12 比甲搭配齐腰下裙虚拟仿真设计

⑦夹袄搭配马面裙（图5-3-13）。

图5-3-13 夹袄搭配马面裙虚拟仿真设计

⑧褙子、抹胸搭配齐腰褶裙（图5-3-14）。

图5-3-14　褙子、抹胸搭配齐腰褶裙虚拟仿真设计

⑨大袖衫、对襟直领上衣搭配齐胸下裙（图5-3-15）。

图5-3-15　大袖衫、对襟直领上衣搭配齐胸下裙虚拟仿真设计

⑩圆领袍附腰带（图5-3-16）。

图5-3-16　圆领袍附腰带虚拟仿真设计

⑪短曲裾、齐腰下裙附腰封及大带（图5-3-17）。

图5-3-17　短曲裾、齐腰下裙附腰封及大带虚拟仿真设计

⑫长曲裾附腰封（图5-3-18）。

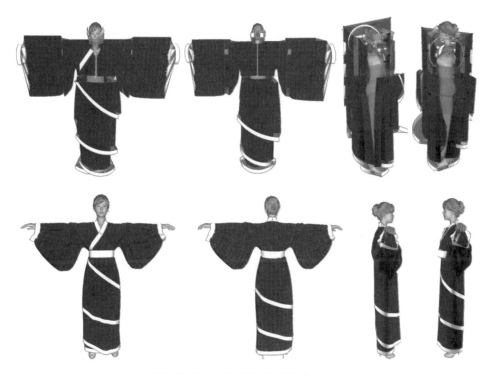

图5-3-18　长曲裾附腰封虚拟仿真设计

第四节　当代汉服面料色彩与图案素材库

　　当代汉服可选用的面料色彩、图案多样，其对应于款式的选择与搭配是汉服设计整体效果的关键。建立汉服面料、色彩素材库，结合三维虚拟仿真设计，可实现汉服设计时的可视化搭配效果，提供了设计预览和定制互动的高效途径，是未来发展的必然趋势。

一、当代汉服色彩素材

　　当代汉服色彩素材见图5-4-1。

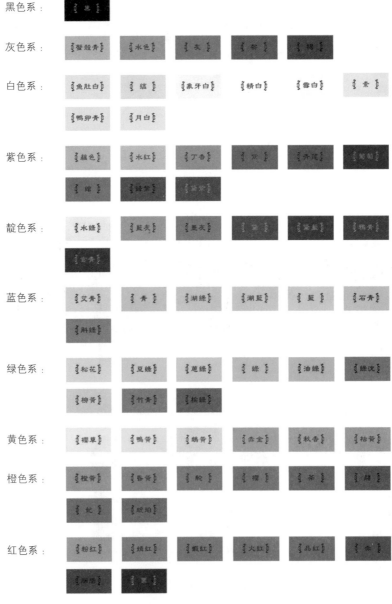

图5-4-1　当代汉服色彩素材

二、当代汉服图案素材

当代汉服图案纹样主要包括素色暗纹、植物花纹、动物花纹、几何花纹和天文星象花纹，见图5-4-2。

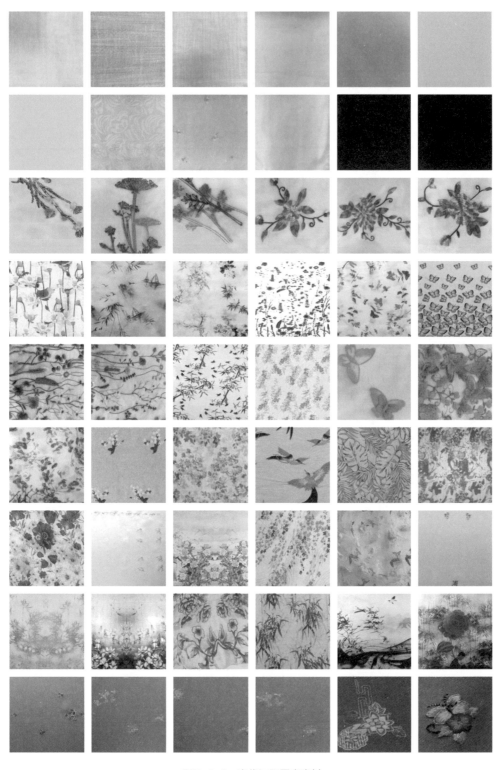

图5-4-2　当代汉服图案素材

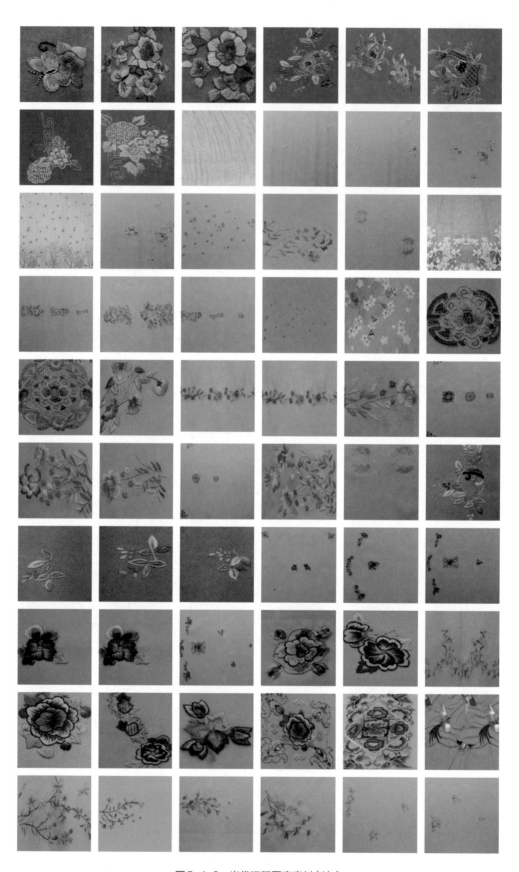

图5-4-2 当代汉服图案素材（续）

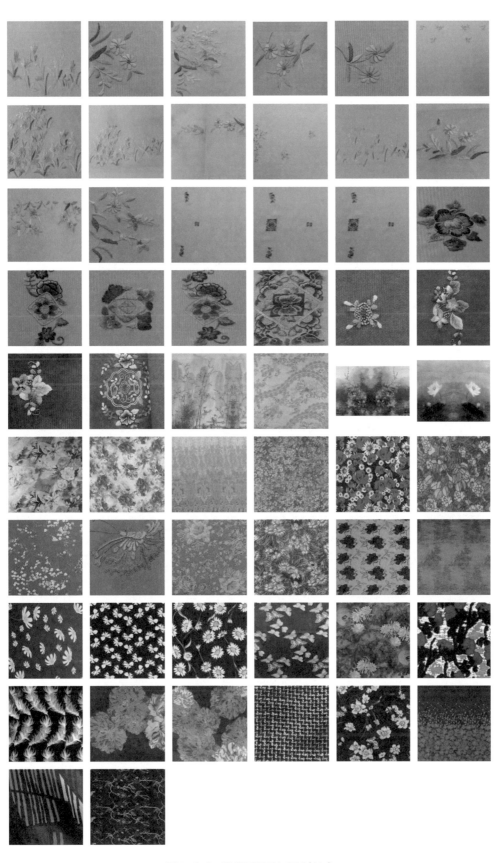

图5-4-2 当代汉服图案素材（续）

三、当代汉服贴边纹样素材

当代汉服的衣缘、领缘及袖缘多为素色面料，但一些较隆重的款式也以纹样装饰。有装饰纹样的衣缘更体现汉服的特征，见图5-4-3。

勾曲纹	连云纹
绫纹	盘纹
重环纹	雷纹

图5-4-3　当代汉服贴边纹样素材

第六章　当代汉服设计应用

为了对当代汉服的数字化实现技术进行验证，本章节进行了模拟客户定制过程。首先从款式表格中选出喜欢的款式，测量人体尺寸后，通过智尊宝纺服装CAD进行样板快速生成，再将样片裁片导入至DC-Suite三维虚拟试衣系统中进行样片缝合及虚拟试衣展示。根据顾客选择的面料图案，将其添加到样片中，这样顾客可直接查看样衣搭配效果，确认最终款式及面料。最后进行样衣缝制、试样、修样，直至完成订单。下面以客户甲、乙、丙定制过程为例，进行数字化定制样衣验证试验。

第一节　齐胸襦裙搭配大袖衫

（1）客户信息

客户甲：女，24岁。

风格喜好：少女系、清新淡雅、粉色可爱。

款式选择：对襟上衣、齐胸下裙及大袖衫。

体型数据：见表6-1-1。

表6-1-1　客户甲的人体尺寸数据

单位：cm

部位	身高	全臂长	颈根围	胸围	腰围	臀围	臂围	腕围	胸上围	胸上围至地长
尺寸	163	163	40	97	72	95	30	16	92	125

（2）款式信息

款式见图6-1-1，规格尺寸见表6-1-2。

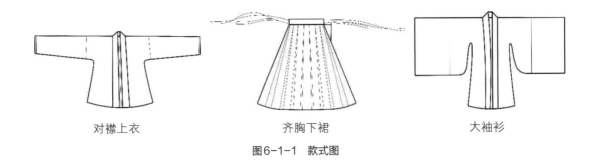

对襟上衣　　　　　　　齐胸下裙　　　　　　　大袖衫

图6-1-1　款式图

表6-1-2　规格尺寸　　　　　　　　　　　　　　　　　　　　　　　　单位：cm

款式	尺寸号型表																	
对襟上衣	型名	号名	颜色	基	CL(衣长)	B(胸围)	TXL(通袖长)	NW(横领)	ND(领深)	NR(领缘宽)	AW(袖肥)	CW(袖口宽)	XYK(袖缘宽)	HSW(半肩宽)	JXC(肩线长)	XB(下摆)	MJK(门襟宽)	
	A	S		○	-3.000	-4.000	-5.000	-0.400	-0.100	-0.200	-1.200	-0.500	-0.200	-1.200	-0.800	-2.000	-0.200	
	A	M		⊙	55.000	102.000	160.000	15.000	1.500	5.000	20.000	15.000	0.000	40.000	18.000	52.000	5.500	
	A	L		○	3.000	4.000	5.000	0.400	0.100	0.200	1.200	0.500	0.000	1.200	0.800	2.000	0.200	
齐胸下裙	型名	号名	颜色	基	QL(裙长)	W(腰围)	YTK(腰头宽)	QDL(裙带长)	QDK(裙带宽)									
	A	S		○	-3.000	-4.000	-0.200	-1.000	-0.200									
	A	M		⊙	117.000	92.000	8.000	350.000	3.000									
	A	L		○	3.000	4.000	0.200	1.000	0.200									
大袖衫	型名	号名	颜色	基	CL(衣长)	B(胸围)	TXL(通袖长)	NW(横领)	ND(领深)	NR(领缘宽)	AW(袖肥)	CW(袖口宽)	HSW(半肩宽)	JXC(肩线长)	XB(下摆)	MJK(门襟宽)	XYK(袖缘宽)	
	A	S		○	-3.000	-4.000	-5.000	-0.400	-0.100	-0.500	-0.750	-1.000	-1.200	-1.000	-2.000	-0.200	0.200	
	A	M		⊙	115.000	102.000	170.000	16.000	2.000	5.000	30.000	70.000	40.000	65.000	55.000	5.000	5.000	
	A	L		○	3.000	4.000	5.000	0.400	0.100	0.500	0.750	1.000	1.200	1.000	2.000	0.200	0.200	

（3）CAD样板设计与虚拟仿真设计

见图6-1-2至图6-1-9。

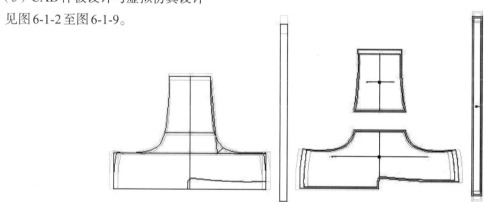

图6-1-2　对襟上衣CAD样板设计

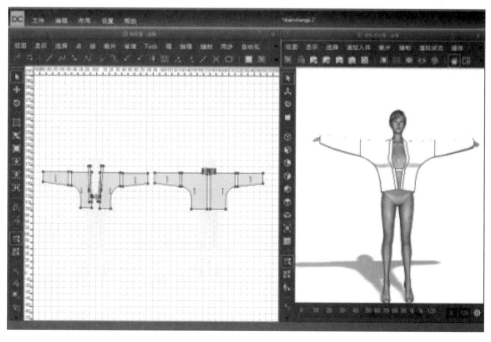

图6-1-3　对襟上衣虚拟仿真设计

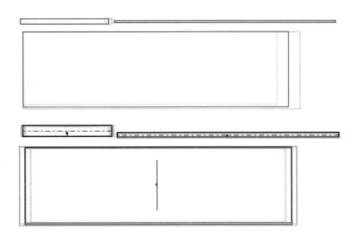

图6-1-4　齐胸下裙CAD样板设计

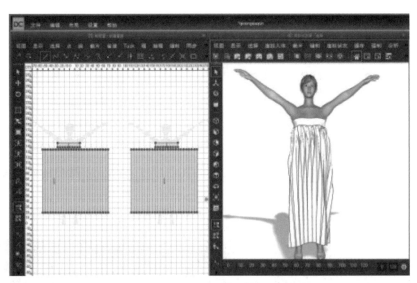

图6-1-5　齐胸下裙虚拟仿真设计

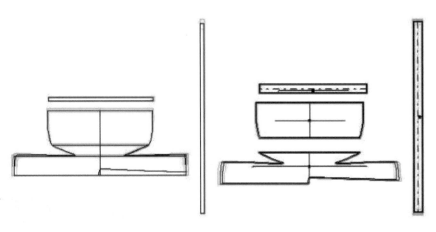

图6-1-6　大袖衫CAD样板设计

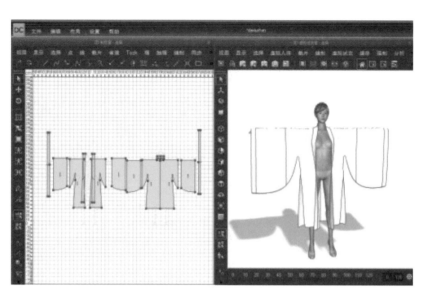

图6-1-7　大袖衫虚拟仿真设计

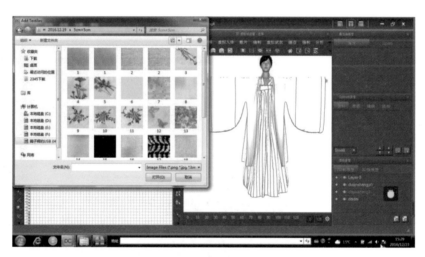

图6-1-8　面料色彩与图案设计

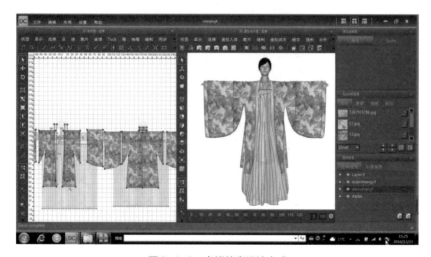

图6-1-9　虚拟仿真设计完成

（4）成品展示

见图6-1-10。

图6-1-10　成品展示

第六章 当代汉服设计应用

第二节　交领右衽上襦搭配褙子及齐腰下裙

（1）客户信息

客户乙：女，24岁。

风格喜好：少女系、清新淡雅、粉色可爱。

款式选择：交领右衽上襦，齐腰下裙及褙子。

体型数据：见表6-2-1。

表6-2-1　客户乙的人体尺寸数据

单位：cm

部位	身高	全臂长	颈根围	胸围	腰围	臀围	臂围	腕围	腰至地
尺寸	166	161	38	83.5	64	85	28	12	105

（2）款式信息

款式见图6-2-1，规格尺寸见表6-2-2。

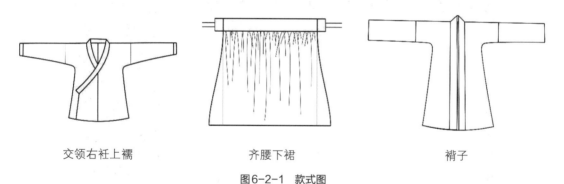

交领右衽上襦　　　　　齐腰下裙　　　　　褙子

图6-2-1　款式图

表6-2-2　规格尺寸

单位：cm

款式	尺寸号型表															
	型名	号名	颜色基	CL(衣长)	B(胸围)	TXL(通袖长)	NW(横领)	ND(领深)	NR(领缘宽)	AW(袖肥)	CW(袖口宽)	XYK(袖缘宽)	HSW(半肩宽)	JXC(肩线长)	XB(下摆)	MJK(门襟宽)	MJG(门襟高)
交领右衽上襦	A	S		-3.000	-4.000	-5.000	-0.200	-0.100	-0.200	-1.200	-0.500	-0.200	-1.200	-0.800	-2.000	-0.750	-1.400
	A	M		53.000	90.000	170.000	15.000	2.000	5.000	20.000	13.000	5.000	42.500	18.000	48.000	16.000	22.000
	A	L		3.000	4.000	5.000	0.200	0.100	0.200	1.200	0.500	0.200	1.200	0.800	2.000	0.750	1.400

款式	型名	号名	颜色基	QL(裙长)	W(腰围)	YTK(腰头宽)	QDL(裙带长)	QDK(裙带宽)
齐腰下裙	A	S		-3.000	-4.000	-0.200	-1.000	-0.200
	A	M		100.000	68.000	5.000	30.000	3.000
	A	L		3.000	4.000	0.200	1.000	0.200

款式	型名	号名	颜色基	CL(衣长)	B(胸围)	TXL(通袖长)	NW(横领)	ND(领深)	NR(领缘宽)	AW(袖肥)	CW(袖口宽)	HSW(半肩宽)	JXC(肩线长)	XB(下摆)	MJK(门襟宽)	XYK(袖缘宽)
褙子	A	S		-3.000	-4.000	-5.000	-0.400	-0.100	-0.200	-0.600	-0.500	-1.200	-0.500	-2.000	-0.200	-0.200
	A	M		97.000	94.000	165.000	16.000	2.000	5.000	22.000	15.000	42.500	18.000	52.000	5.500	5.000
	A	L		3.000	4.000	5.000	0.400	0.100	0.200	0.600	0.500	1.200	0.500	2.000	0.200	0.200

（3）CAD样板设计与虚拟仿真设计

见图6-2-2至图6-2-9。

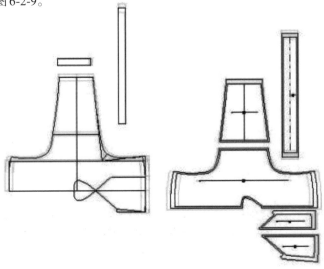

图6-2-2　交领右衽上襦CAD样板设计

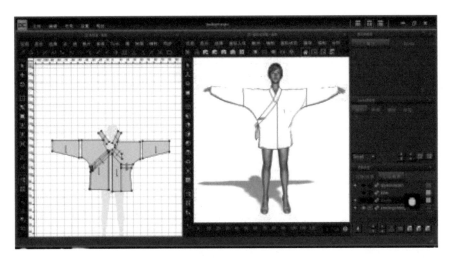

图6-2-3　交领右衽上襦虚拟仿真设计

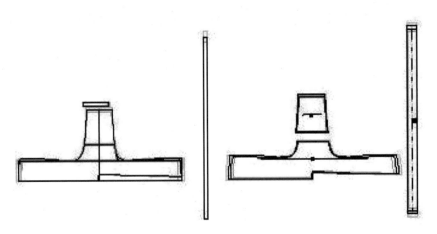

图6-2-4　裙子CAD样板设计

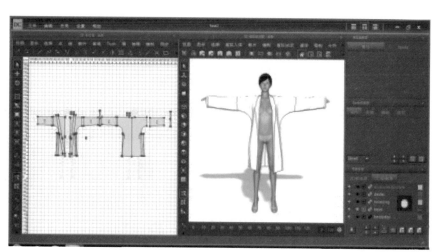

图6-2-5　褙子虚拟仿真设计

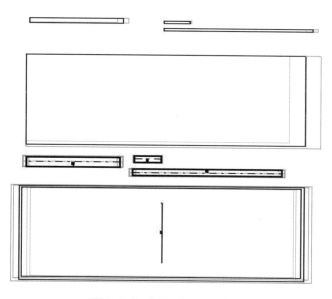

图6-2-6　齐腰下裙CAD样板设计

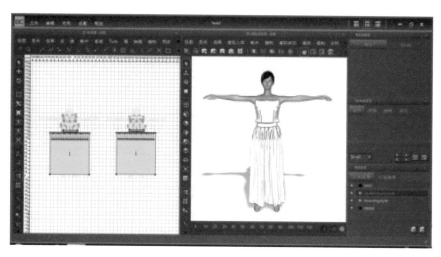

图6-2-7　齐腰下裙虚拟仿真设计

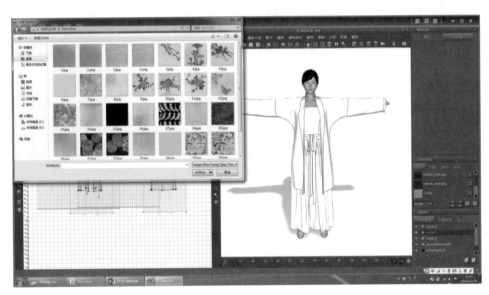

图6-2-8　面料色彩与图案设计

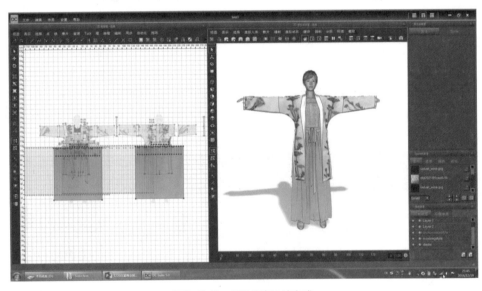

图6-2-9　虚拟仿真设计完成

（4）成品展示

见图6-2-10。

图6-2-10　成品展示

第三节　夹袄搭配马面裙

（1）客户信息

客户丙：女，24岁。

风格喜好：优雅粉嫩。

款式选择：夹袄，马面裙。

体型数据：见表6-3-1。

表6-3-1　客户丙的人体尺寸数据

单位：cm

部位	身高	全臂长	颈根围	胸围	腰围	臀围	臂围	腕围	腰至地
尺寸	166	161	38	83.5	64	85	28	12	105

（2）款式信息

款式见图6-3-1，规格尺寸见表6-3-2。

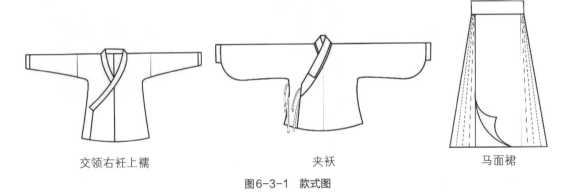

交领右衽上襦　　　　　　　　　　夹袄　　　　　　　　　　马面裙

图6-3-1　款式图

表6-3-2　规格尺寸

单位：cm

款式	尺寸号型表																
	型名	号名	颜色	基	CL(衣长)	B(胸围)	TXL(通袖长)	NW(横领)	ND(领深)	NR(领缘宽)	AW(袖肥)	CW(袖口宽)	XYK(袖缘宽)	HSW(半肩宽)	JXC(肩线长)	XB(下摆)	MJK(门襟宽)	MJG(门襟高)
交领右衽上襦	A	S		○	-3.000	-4.000	-5.000	-0.200	-0.100	-0.200	-1.200	-0.500	-0.200	-0.800	-2.000	-0.750	-1.400
	A	M		●	53.000	90.000	170.000	15.000	2.000	5.000	20.000	13.000	5.000	42.500	18.000	48.000	16.000	22.000
	A	L		○	3.000	4.000	5.000	0.200	0.100	0.200	1.200	0.500	0.200	1.200	0.800	2.000	0.750	1.400

款式	型名	号名	颜色	基	QL(裙长)	W(腰围)	YTK(腰头宽)	MMK(马面宽)	QZS(裙褶数)	QDK(裙带宽)	ZK(褶宽)
马面裙	A	S		○	-3.000	-4.000	-0.200	-0.500	-0.000	-0.100	-0.100
	A	M		●	97.000	69.000	4.500	25.000	4.000	3.000	2.000
	A	L		○	3.000	4.000	0.200	0.500	0.000	0.100	0.100

款式	型名	号名	颜色	基	CL(衣长)	B(胸围)	TXL(通袖长)	NW(横领)	ND(领深)	NR(领缘宽)	HLK(护领宽)	AW(袖肥)	CW(袖口宽)	XYK(袖缘宽)	HSW(半肩宽)	JXC(肩线长)	PPK(琵琶袖口宽)
夹袄	A	S			-3.000	-4.000	-5.000	-0.400	-0.100	-0.200	-0.200	-1.000	-0.500	-0.200	-1.200	-1.000	-1.500
	A	M			50.000	86.000	165.000	15.000	1.800	5.000	4.000	18.000	12.000	4.000	40.000	18.000	70.000
	A	L			3.000	4.000	5.000	0.400	0.100	0.200	0.200	1.000	0.500	0.200	1.200	1.000	1.500

（3）CAD样板设计与虚拟仿真设计

见图6-3-2至图6-3-9。

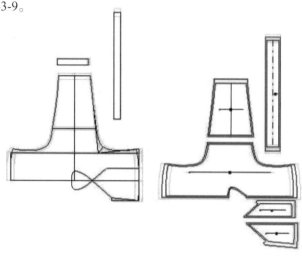

图6-3-2 交领右衽上襦CAD样板设计

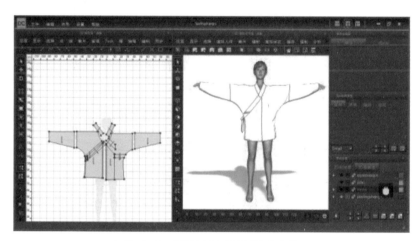

图6-3-3 交领右衽上襦虚拟仿真设计

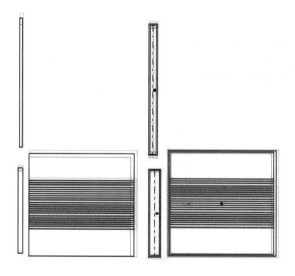

图6-3-4 马面裙CAD样板设计

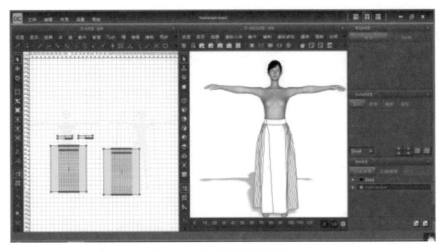

图6-3-5 马面裙虚拟仿真设计

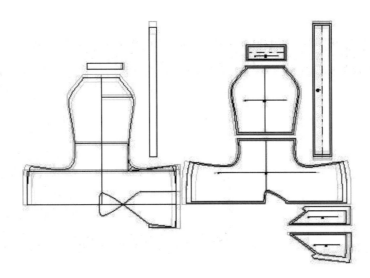

图6-3-6 夹袄CAD样板设计

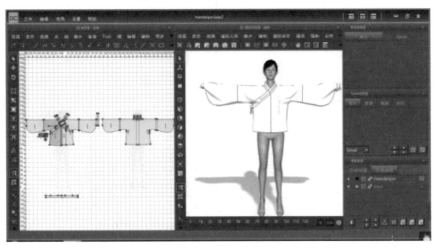

图6-3-7 夹袄虚拟仿真设计

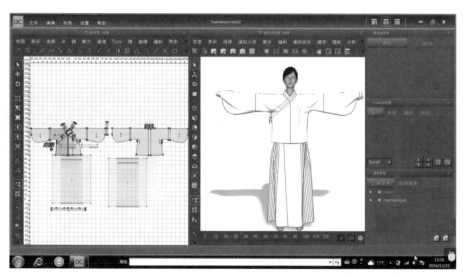

图6-3-8　样片及缝合设置

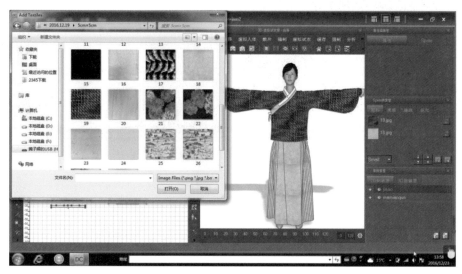

图6-3-9　面料设置和虚拟仿真设计完成

（4）成品展示

见图6-3-10。

图6-3-10 成品展示

第四节 其他设计款例

本节的款例为研究者在汉服品牌汉未央实习工作期间承担样板设计工作参与设计的作品，图片的使用得到了汉未央的授权许可，在此感谢汉未央对本研究工作的支持。

图6-4-1 短曲裾一

图6-4-2　短曲裾二

图6-4-3　夹袄搭配马面裙

图6-4-4　齐胸襦裙搭配大袖

图6-4-5　对襟半臂搭下裙

图6-4-6　齐胸襦裙搭配大袖衫

图6-4-7　褙子搭配齐腰下裙

图6-4-8 齐胸襦裙搭配大袖衫

图6-4-9 对襟半臂搭配齐胸襦裙

参考文献

［1］班固.汉书［M］.北京:中华书局,2007.

［2］李晰.汉服论［D］.西安:西安美术学院,2010.

［3］田炳英.传承历史表现当代的"汉服"研究［D］.大连:大连工业大学,2012.

［4］一盏风,墨斗飞飞.现代汉服体系2.1版:汉服款式-汉服功用［DB/OL］. http://ishare.iask.sina.com. cn/f/17388011.html, 2011.

［5］张翼.关于现代汉服的符号分析［J］.四川理工学院学报(社会科学版),2013(06):96-99.

［6］欧阳修,宋祁,范镇,等.新唐书［M］.

［7］佚名.车服志［M］.

［8］范晔.礼仪志［M］.

［9］杜佑,王文锦,王永兴,等.通典［M］.北京:中华书局,2016.

［10］黄辉.中国历代服制服式［M］.南昌:江西美术出版社,2011.

［11］沈从文.中国古代服饰研究［M］.北京:商务印书馆,2011.

［12］黄钢,陈娟娟,黄能福.服饰中华［M］.北京:清华大学出版社,2011.

［13］周锡保.中国古代服饰史［M］.北京:中国戏剧出版社,1991.

［14］朱和平.中国服饰史稿［M］.北京:中州古籍出版社,2001.

［15］周汛,高春明.中国历代服饰［M］.上海:学林出版社,1984.

［16］王维堤.中国服饰文化［M］.上海:上海古籍出版社,2001.

［17］华梅.服饰民俗学［M］.北京:中国纺织出版社,2004.

［18］原田淑人.中国服装史研究［M］.合肥:黄山书社,1988.

［19］袁杰英.中国历代服饰史稿［M］.北京:高等教育出版社,2006.

［20］张末元.汉代服饰参考资料［M］.北京:人民美术出版社,1960.

［21］彭浩.楚人的纺织与服装［M］.武汉:湖北教育出版社,1996.

［22］鲍怀敏.汉服的美学研究［J］.济南纺织服装,2010(4):1-3.

［23］陈娜娜,徐方杰,陈嘉毅.汉、唐、明代汉服设计与对比［J］.纺织科技进展,2015(6):55-58.

［24］左娜.汉服的形制特征与审美意蕴研究［D］.济南:山东大学,2011.

［25］王芙蓉."汉服运动"研究［J］.服饰导刊,2012(2):78-81.

［26］周星.本质主义的汉服言说和建构主义的文化实践——汉服运动的诉求、收获及瓶颈［J］.民俗研究,2014(3):130-144.

［27］张跣."汉服运动":互联网时代的种族性民族主义［J］.中国青年政治学院学报,2009(4):65-71.

［28］Wang Furong.On Chinese Contemporary Han Dress Movement[A].Proceedings of 2009 IEEE 10th International Conference on Computer-Aided Industrial Design & Conceptual Design[C].2009:6.

［29］郑吉军.服饰的话语及对汉服热的思考［J］.宁波广播电视大学学报,2012(1):84-87.

［30］戴圣.礼记［M］.西汉

［31］司马迁.史记·孝文帝本纪［M］.2版.北京:中华书局,2009.

［32］李林甫.唐六典［M］.北京:中华书局,2014.

［33］彭德.中华五色［M］.南京:江苏美术出版社,2008.

［34］沈强.汉代服饰图案纹样的研究［J］.现代装饰(理论),2013(9):253.

［35］乔京晶.中国民族服饰纹样的现代运用与发展［J］.山东纺织经济,2012(8):69-72.

［36］韩星.当代汉服复兴运动的文化反思［J］.内蒙古大学艺术学院学报,2012(4):38-45.

［37］黄能馥,陈娟娟.中国历代服饰艺术［M］.北京:中国旅游出版社.1999.

［38］杨成贵.中国服装制作全书［M］.台北:汉唐服饰公司,1981.

［39］刘瑞璞.古典华服结构研究［M］.北京:光明日报出版社,2009.

［40］谢念雅,刘咏梅.基于汉服特征的服装结构研究［J］.大众文艺,2011,17:296-298.

［41］郝慧敏,吕钊.汉服衣领结构与造型特点的现代意义［J］.现代装饰(理论),2015(5):174.

［42］刘瑞璞,魏佳儒.中国古典华服结构的格物致知命题［J］.服饰导刊,2015(3):17-20.

［43］邵新艳.华服十字形结构与现代服装设计研究［J］.艺术设计研究,2013(1):40-44.

［44］赵波.先秦袍服研究［J］.服饰导刊,2014(3):61-65

［45］王成礼.中国南宋汉族女子服装结构研究［D］.福州:福建师范大学,2013.

［46］洪招治.中国宋代汉族女子服装褙子研究［D］.福州:福建师范大学,2014.

［47］张玲.论古典华服结构语言对影视古装造型的借鉴意义［J］.当代电影,2013(9):162-165.

［48］崔艳.基于三维虚拟试衣技术的女套装样板CAD实验研究［D］.上海:东华大学,2014.

［49］孟凡瑜.国内服装CAD系统的应用现状及发展趋势［J］.辽宁工业大学学报(社会科学版),2010,12(1).

［50］叶招彩."诗雅丽"定制女装产品样板快速生成模块的设计研究［D］.上海:东华大学,2013.

［51］王燕珍.男衬衫样板参数化智能生成研究［J］.上海纺织科技,2008(7):8-11+49.

［52］Lu Jun Ming, etc.The development of an intelligent system for customized clothing making[J].Expert Systems with Applications,2010,37(1).

［53］韩照,胡勇,李祖华.三维服装CAD技术［J］.广西纺织科技,2008,37(2):58-60.

［54］马晓宇,冯毅力.三维服装模拟技术的研究进展［J］.纺织学报,2004(4):122-124.

［55］陈淼.参数化三维人体建模与系统实现［D］.南京:南京大学,2014.

［56］李奥琼.个性化人体特征曲线驱动服装变形的三维人体试衣技术［D］.上海:东华大学,2015.

［57］张裕文.三维虚拟服装建模与试衣算法研究［D］.杭州:浙江大学,2013.

［58］李闯.个性化虚拟试衣技术研究［D］.上海:上海工程技术大学,2011.

［59］林存瑞.面向个性化服装定制的三维人体重建研究［D］.上海:东华大学,2010.

［60］陈青青.三维虚拟服装缝合技术及布料仿真的研究与实现［D］.厦门:厦门大学,2009.

［61］杨建东.虚拟试衣系统的研究［D］.北京:北京服装学院,2012.

［62］黄颖颖,刘咏梅,林娜.连衣裙三维虚拟试衣静态效果评价［J］.国际纺织导报,2014(11):59-60+62-64+66-68.

［63］齐行祥.基于个性化虚拟人台的服装合体性评价模型研究［D］.上海:东华大学,2011.

［64］王利君,唐洁芳,马银军.基于MTM的男西装接单系统的设计与开发［J］.浙江理工大学学报,2007,24(4):395-398.

［65］王楠楠.国内外服装MTM的比较及国内应用现状分析［J］.山东纺织经济.2010.(11):79-80.

［66］廑武,陈谦.基于改进BP神经网络的西服肩袖造型研究［J］.纺织学报,2010,31(8):113-116.

［67］吴俊,王东云,温盛军.基于神经网络的裤装样板设计［J］.纺织学报,2004,25(4):102-104.

［68］东苗.面向个性化服装定制的体型分析与智能修订［D］.上海：东华大学.2010.95.

［69］Ching-jung Lin, Jhong-Jyun Guo. A Design Supporting System for Kimono Pattern Preservation ［J］.12th International Conference Information Visualisation. 2008.4:101.

［70］Tetsuya Sano,Hideki Yamamoto.Computer Aided Design System for Japanese Kimono［J］. Instrumentation and Measurement Technology Conference,2001(5):21-23.

［71］Maiko Sugahara,Mitsunori Miki,Tomoyuki Hiroyasu. Design of Japanese Kimono Using Interactive Genetic Algorithm［J］. International Conference on Systems, Man and Cybernetics, 2008:185-190.

［72］Tetsuya Sano, Hiroyuki Ukida,Hideki Yamamoto. Design Support System for Japanese Kimono Using Mobile Phone［J］. International Workshop on Intelligent Data Acquisition and Advanced Computing Systems: Technology and Applications, 2007(9):6-8.

［73］刘静轩.论上衣下裳制的符号学意蕴及其影响［J］.郑州大学学报(哲学社会科学版),2014,04:185-188.

［74］杨阳,刘宝成.谈汉服形制特点与文化内涵解读［J］.中国市场,2015,23:271-272+278.

［75］胡睿莹.浅析服制对中国服饰艺术发展的意义［J］.贵阳学院学报(社会科学版),2015(5):115-117.

［76］重回汉唐 https://shop34512860.taobao.com.

［77］衔泥小筑 https://xiannixiaozhu.taobao.com.

［78］如梦霓裳 https://shop34665843.taobao.com.

［79］汉尚华莲 https://shop36235594.taobao.com.

图书在版编目（CIP）数据

当代汉服款式与结构 / 刘咏梅，冀子辉著. — 上海：东华大学出版社，2021.7
　　ISBN 978-7-5669-1942-7

　　Ⅰ.①当…　Ⅱ.①刘…　②冀…　Ⅲ.①汉族—民族服饰—中国　Ⅳ.①TS941.742.811

　　中国版本图书馆CIP数据核字（2021）第130010号

责任编辑：谭　英

封面设计：Alex

当代汉服款式与结构
Dangdai Hanfu Kuanshi Yu Jiegou

刘咏梅　冀子辉　著

东华大学出版社出版

上海市延安西路1882号

邮政编码：200051　电话：（021）62193056

出版社网址：http://dhupress.dhu.edu.cn

天猫旗舰店：http://dhdx.tmall.com

上海万卷印刷股份有限公司印刷

开本：889 mm×1194 mm　1/16　印张：11.5　字数：400千字

2021年7月第1版　2024年6月第3次印刷

ISBN　978－7－5669－1942－7

定价：57.00元